CSFR
Donau
Linz
Wien
W0014954
Neusiedler See
Hochschneeberg
1
Wiener Neustadt
Inn
München
Rosenheim
Salzburg
2
Schafberg
Wendelstein
3
Hochschwab
2278 m
Semmering
985 m
Garmisch-Partenkirchen
Achensee
5
4
Zugspitze
Dachstein
2996 m
ÖSTERREICH
Innsbruck
Großglockner
3798 m
Mur
Graz
UNGARN
Brenner
1370 m
Lienz
Drau
Meran
Klagenfurt
Villach
Maribor
Mur
Drau
Etsch
Bozen
SLOWENIEN
Trient
Belluno
Udine
Ljubljana
Save
Zagreb
Triest
Golf von Triest
Vicenza
Verona
Padua
Venedig
Golf von Venedig
Rijeka
KROATIEN
Etsch
Po
Adriatisches
Ferrara
Modena
Meer
Bologna
ITALIEN
Rimini
Florenz
Arno

Auf steilen Schienen
in die Berge

Genehmigte Lizenzausgabe für
Bechtermünz Verlag im
Weltbild Verlag GmbH, Augsburg 1996

Idee und Gestaltung: Edition Lau AG, Zug
Gesamtherstellung: Druckerei Appl, Wemding
Printed in Germany
ISBN 3-86047-303-4

Bildnachweis

Ronald Gohl, Habkern:
Seiten 30/31, 40/41, 65, 68/69, 70/71, 72, 73, 74, 76, 77, 80, 81, 84/85, 88, 89, 96, 102/103, 106, 122 (oben) und 123 (oben)

Vally Gohl, Münchenstein:
Seiten 3, 15, 18, 36/37, 37 (unten), 44, 45, 48, 50, 51, 54, 55, 58, 62/63, 92, 93, 95, 98/99, 114, 118, 119, 122/123 (unten), 126 und 127

Ralph Mrowietz, Zürich:
Seiten 6/7, 11, 14, 22 (oben), 26 und 27

MOB-Gruppe, Montreux:
Seiten 107, 110/111, 112/113, 114/115 und 116

Migros-Genossenschafts-Bund, Zürich:
Seiten 56/57, 59 und 61

Direktion Gornergrat-Bahn, Brig:
Seiten 90/91

Kurdirektion St. Wolfgang:
Seiten 18/19

Maurach-Information:
Seiten 33 und 37 (oben)

Wendelsteinbahn, Brannenburg:
Seiten 21 und 22/23

Bayerische Zugspitzbahn, Garmisch-Partenkirchen:
Seite 25

Ronald Gohl

AUF STEILEN SCHIENEN IN DIE BERGE

Alle Zahnradbahnen in den Alpen
Mit Wander- und Tourenvorschlägen

Bechtermünz Verlag

Inhalt

Zum Geleit

Von Niklaus Riggenbach, Roman Abt und anderen Bergbahnpionieren

Der heute gern zitierte Sinnspruch Rousseaus „Zurück zur Natur“ löste im 18. Jahrhundert eine erste Welle des Tourismus aus. Aber nicht nur der damals umstrittene Philosoph und Idealist Jean-Jacques Rousseau (1712—1778) schrieb Bücher zum Thema Natur. Auch der Naturforscher Albrecht von Haller (1708—1777) sorgte mit seinen packenden Berichten dafür, daß vor allem die Alpen mit ihren imposanten Landschaften als Reiseziel entdeckt wurden. Das Gebirge war damit nicht mehr länger Heimat der Hexen, Geister und Dämonen, es verlor weitgehend seinen Schrecken und erhielt Besuch aus aller Welt. Allerdings konnten sich damals auch nur Adlige, reiche Kaufleute und Künstler das Reisen leisten. So große Dichter, Philosophen und Musiker wie Johann Wolfgang von Goethe, Guy de Maupassant, Friedrich Wilhelm Nietzsche, Felix Mendelssohn-Bartholdy, Richard Wagner und Mark Twain berichteten von ihren Reisen. Ihre Bücher, Aufsätze und Zeitungsartikel sorgten dafür, daß immer mehr Menschen die Alpen besuchten. Viele Einheimische fanden als Führer, Jäger oder Träger ein willkommenes Zusatzeinkommen. Als Johann Wolfgang von Goethe 1779 ins Lauterbrunnental aufbrach, benötigte er von Unterseen nach Lauterbrunnen noch drei Stunden. Straßen und Eisenbahnlinien existierten damals noch nicht. Der große Dichter ließ sich in einem engen Leiterwägelchen über holprige Waldpfade ziehen. Jene Einheimische, die etwas Geschäftssinn besaßen, eröffneten bald ihr eigenes Fuhrunternehmen oder errichteten eine kleine Gaststätte. Einige von ihnen brachten es zu Wohlstand und Ansehen.

Als vor etwas mehr als hundert Jahren auch der städtische Mittelstand die Bergwelt als ideales Erholungsgebiet entdeckte, schmiedeten in den meisten Bergtälern kühne Unternehmer Pläne, wie das Gebirge für einen umfänglichen Tourismus erschlossen werden könne.

So vieles erfanden und entwickelten ideenreiche Ingenieure gleich mehrmals: zum Beispiel auch die gezahnte Hilfsschiene der Bergbahn. Die Schweizer Erfinder Riggenbach, Abt und Strub setzten in der zweiten Hälfte des 19. Jahrhunderts viel daran, die Bergwelt mit Hilfe von Zahnstange und Zahnrad auch für die Eisenbahn zugänglich zu machen.

Niklaus Riggenbach wurde am 21. Mai 1817 in Gebweiler im Elsaß geboren, wo sein Vater eine Rübenzuckerfabrik besaß. Riggenbach besuchte in Basel die Schule, absolvierte später eine kaufmännische Lehre und arbeitete im Büro. Das Kopieren von Geschäftsbriefen und der staubige Geruch von Akten behagten dem jungen, von unternehmerischem Geist sprühenden Mann jedoch überhaupt nicht. So zog er 1837 nach Paris, um dort in einer mechanischen Werkstätte zu arbeiten. Abends besuchte er Vorlesungen über Mathematik, Mechanik und Physik. Riggenbach erlebte die Eröffnung der Bahnlinie Paris—St. Germain, und war von den schnaubenden Dampfmaschinen so angetan, daß er beschloß, Lokomotivbauer zu werden. Wie gedacht, so getan: Bereits 1839 nahm der frischgebackene Ingenieur eine Stelle in der Kesslerschen Maschinenfabrik Karlsruhe an, wo er bereits mit 27 Jahren zum Geschäftsführer aufstieg. In den folgenden Jahren beteiligte sich Riggenbach an der Konstruktion von über 150 Lokomotiven. Auch die erste Schweizer Dampflok, die „Limmat“, verließ seine Werkhallen. Ingenieur Riggenbach erprobte die Maschine auf der am 9. August 1847 eröffneten Strecke Zürich—Schlieren (im Volksmund neckisch „Spanisch-Brötli-Bahn“ genannt) höchstselbst. In der Schweiz trat Riggenbach auch eine neue Stelle an, und entwickelte wenig später die Idee, steile Geländerampen durch Zahnrad und Zahnstange zu überwinden.

Für seine Pläne fand der Ingenieur im eigenen Land jedoch nur wenig Verständnis, so daß er

LSTEIN
WENDELSTEIN

Vorangehende Doppelseite: Besonders kühn wurde die Zahnradbahn auf den Wendelstein angelegt. Die Trasse führt im oberen Teil durch senkrecht abfallende Felswände. In 55 Minuten überwindet das Bähnchen 1217 Höhenmeter.

sein Patent 1863 in Paris anmeldete. Sechs Jahre später kam ihm der Amerikaner Silvester Marsh zuvor; dieser baute die erste Zahnradbahn der Welt. Sie führt noch heute auf den 1917 Meter hohen Mount Washington in den White Mountains (Staat New Hampshire/USA). Der schweizerische Generalkonsul aus den Vereinigten Staaten motivierte Riggenbach dazu, eine ähnliche Bahn auf die Rigi am Vierwaldstättersee zu bauen.

Gerade als in den USA die Dampf-Zahnradbahn auf den Mount Washington in Betrieb genommen wurde, erteilte der Große Rat des Kantons Luzern die Konzession für den Bau und Betrieb einer Zahnradbahn auf die Rigi. Und ausgerechnet an seinem 54. Geburtstag, also am 21. Mai 1871 konnte Niklaus Riggenbach diese erste Zahnradbahn Europas eröffnen. Das Echo war so groß, daß Riggenbach Studienreisen in die ganze Welt unternahm. Von den 88 weltweit gebauten Zahnradbahnen weisen nur gerade drei Anlagen keine schweizerische Herkunft auf. Von den 85 Bahnen aus dem Lande Wilhelm Tells fielen 43 Riggenbach zu, 40 Aufträge verlor er an seinen früheren Mitarbeiter Roman Abt, den zweiten großen Mann der Zahnradbahngeschichte.

Der am 17. Juli 1850 im schweizerischen Bünzen geborene Ingenieur, baute selbst in Vietnam eine Zahnradbahn. Die meterspurige Strecke

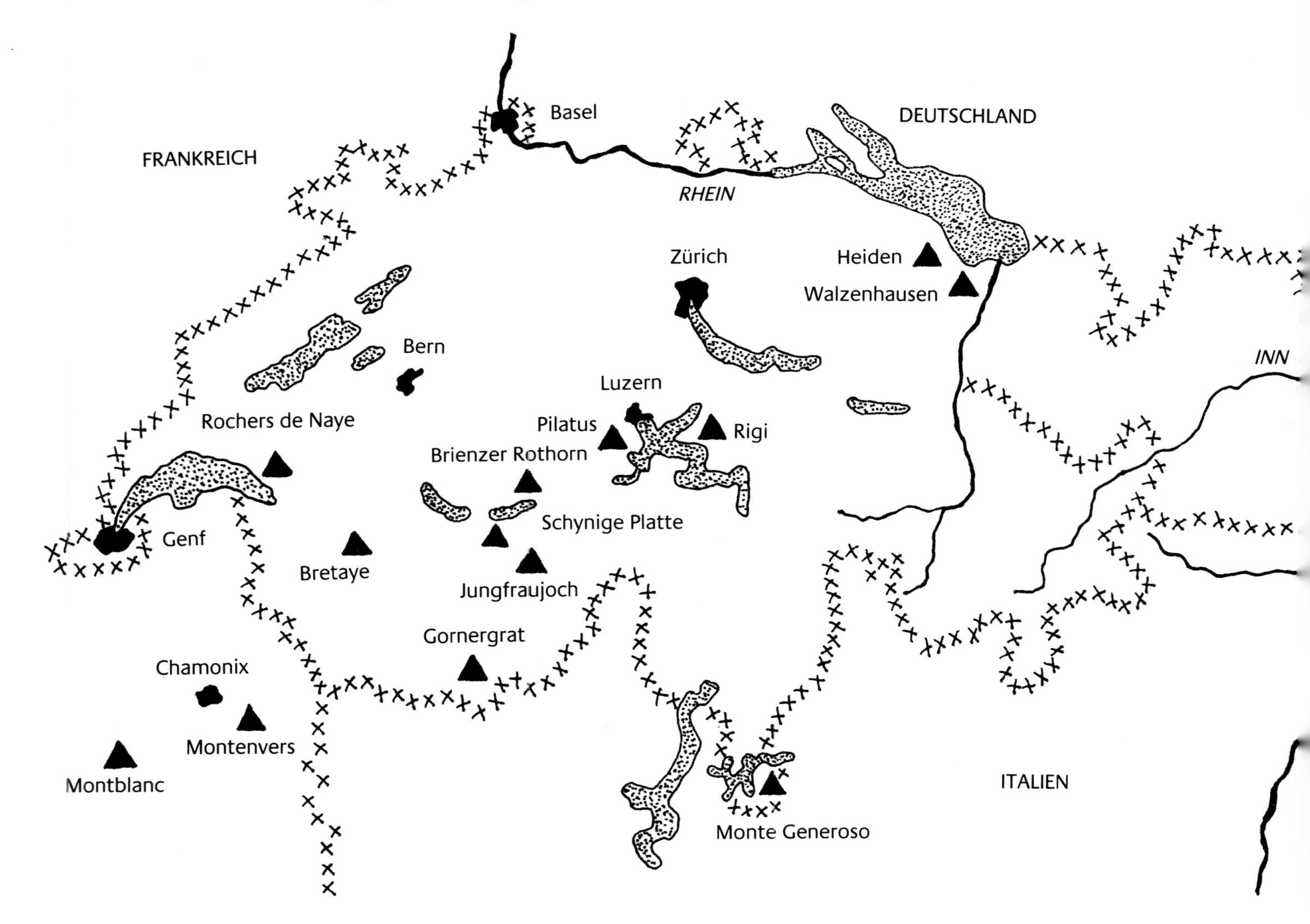

von Thap-Cham nach Da Lat führte vom Badestrand durch den Dschungel zu einer phantastisch wirkenden Bergregion mit Pinien und Föhren. Die Dampflokomotiven der Schweizerischen Lokomotiv- und Maschinenfabrik Winterthur (SLM) überwanden dabei einen Höhenunterschied von 1466 Metern. Nach den Kriegswirren wurde die teilweise zerstörte Linie leider stillgelegt, in kürzester Zeit nahm der Dschungel Besitz von Schwellen und Schienen. Vier Zahnradlokomotiven hatte die Furka-Oberalp-Bahn (FO) 1947 nach Vietnam verkauft. Sämtliche vier Lokomotiven wurden 1990 von der Dampfbahn „Furka Bergstrecke AG" in die Schweiz zurückgeholt, wo sie nach einer Generalüberholung wieder auf ihrer alten Trasse zum Einsatz kommen.

Den geistigen Vater einer Zahnradbahn erkennt man übrigens sofort an der Zahnstange. Die zweistufige Zahnstange von Roman Abt besteht beispielsweise aus zwei nebeneinander verlaufenden Flachstäben mit versetzten Zähnen (Abb. 1). Roman Abts System macht ein zweikränziges Triebrad notwendig, bei dem schon nach einem Sechstel der Zahnteilung ein neuer Eingriff erfolgt. Den Vorteil dieser Anordnung bekommen hauptsächlich die Fahrgäste zu spüren, ermöglicht die zweistufige Zahnstange doch einen besonders sanften Gang der Lokomotive. Zum ersten Mal kam die Zahnstange

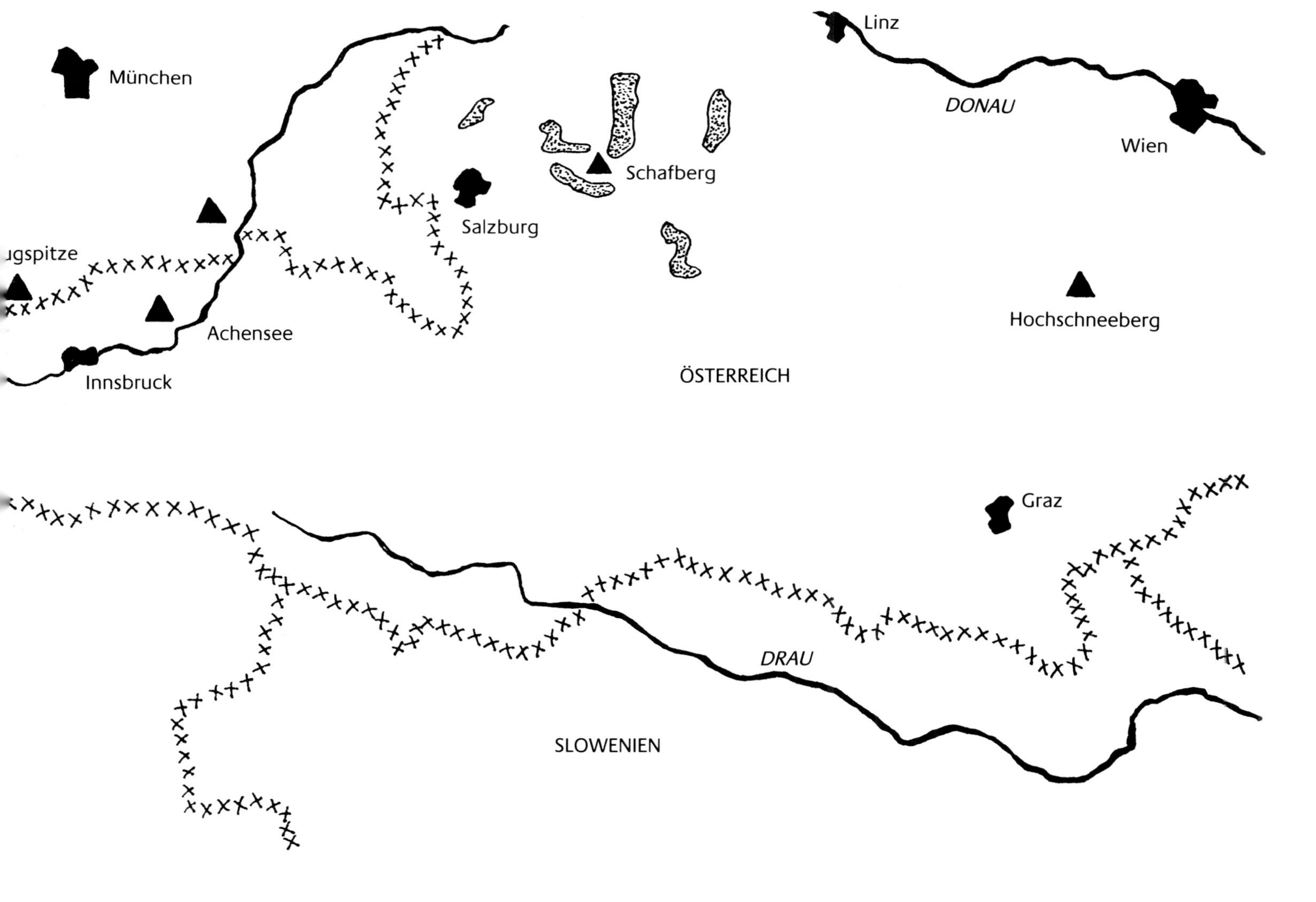

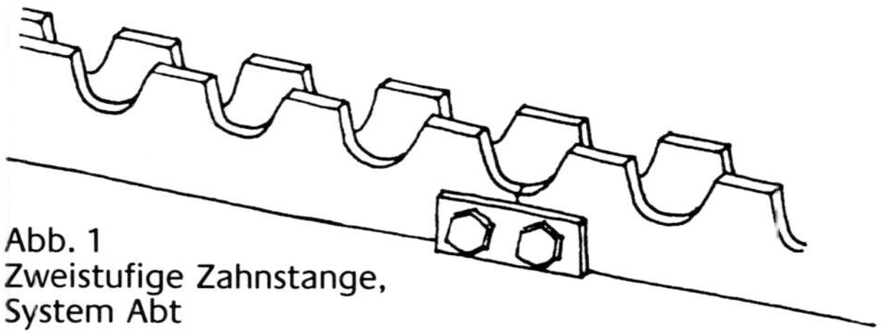

Abb. 1
Zweistufige Zahnstange,
System Abt

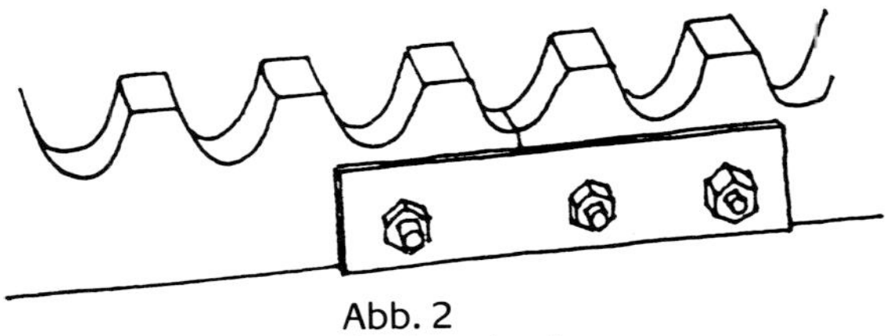

Abb. 2
Stufenzahnstange,
System Strub

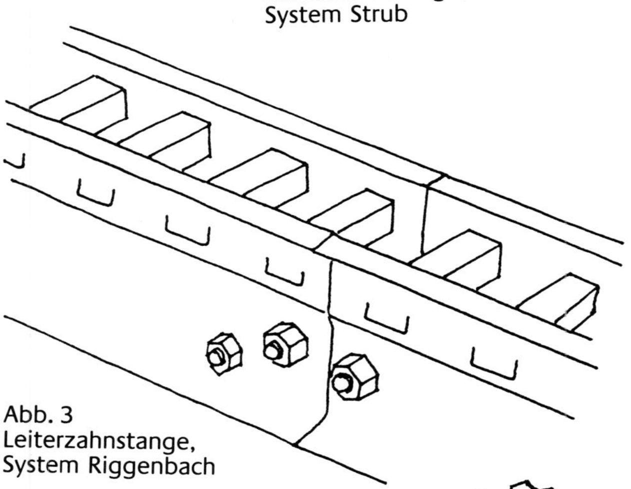

Abb. 3
Leiterzahnstange,
System Riggenbach

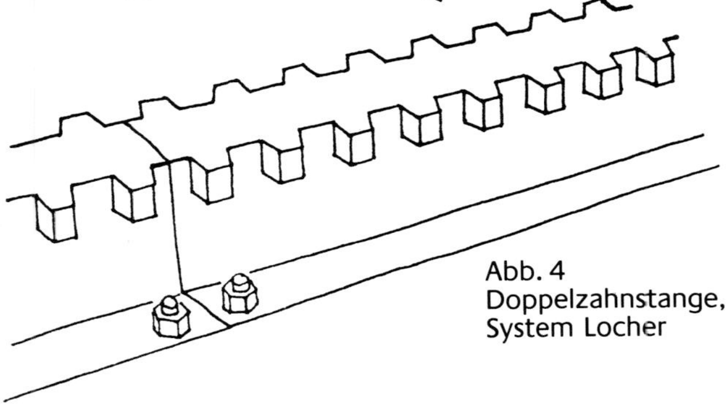

Abb. 4
Doppelzahnstange,
System Locher

Dampf-Zahnradbahnen

Vier Bahngesellschaften sind bei Eisenbahnfreunden besonders beliebt. Auf den Hochschneeberg bei Wien, den Schafberg am Wolfgangsee, zum Achensee in Tirol und auf das Brienzer Rothorn im Berner Oberland verkehren noch fahrplanmäßig eingesetzte Dampfzüge. Die über hundertjährigen Veteranen stammen noch aus den Gründungsjahren, sie werden von den Betriebsangestellten — die längst ihr Hobby zum Beruf gemacht haben — gehegt und gepflegt. Einige weitere Zahnradbahn-Unternehmen verfügen noch über einzelne Museumsstücke, die aber nur von geschlossenen Gesellschaften und Vereinen gemietet werden können. So kostet beispielsweise eine Fahrt mit der 1985 vom Sockel geholten Dampflok der Monte-Generoso-Bahn (MG) mindestens 900 Franken. 65 Fahrgäste finden in dem offenen Vorstellwagen Platz. Ein ähnliches Angebot macht auch die älteste Zahnradbahn Europas, die Vitznau-Rigi-Bahn (VRB).

von Roman Abt übrigens bei der 1885 eröffneten Harzbahn in Deutschland zur Anwendung. Das System Riggenbach zeichnet sich dagegen durch eine Leiterzahnstange aus. Zwei seitliche Wangen verhindern das Ausgleiten des Zahnrades (Abb. 3). Stark von der Norm weicht die nur einmal verwendete Zahnstange von Locher ab. Zwei horizontal liegende Zahnräder greifen seitlich in einen links und rechts gezahnten Flachstab ein (Abb. 4). Das System des Zürcher Ingenieurs Eduard Locher (1840—1910) kam bei der äußerst steil angelegten Bahn auf den Pilatus zur Anwendung. Eines haben alle reinen Zahnradbahnen jedoch gemeinsam. Im Unterschied zu Adhäsionslokomotiven wird die Zugkraft der Maschine nur auf das Zahnrad übertragen. Die Laufräder sitzen lose auf den Achsen und entwickeln keine Zugkraft. Bei den kombinierten Zahnrad- und Reibungsbahnen erfolgt der Antrieb dagegen sowohl auf die Adhäsions- wie die Zahnräder.

Nur wenige Fahrgäste werden allerdings so genau auf die technischen Details achten, wenn sie mit einer Zahnradbahn einen Ausflug ins Gebirge unternehmen. Im Vordergrund steht noch immer das Erleben der herrlichen Bergwelt, das dank Niklaus Riggenbach, Roman Abt, Eduard Locher und anderen Bergbahnpionieren auf so bequeme Weise möglich geworden ist.

Hochschneeberg

Nur mit Dampf erreicht man den höchstgelegenen Bahnhof Österreichs

Vorangehende Seite: Mit fast zehn Kilometer Länge ist die Schneebergbahn die längste Zahnradstrecke Österreichs. Noch versehen ausschließlich Dampflokomotiven regulär Dienst am 2076 Meter hohen Wiener Hausberg.

An besonders klaren Tagen erblickt man von Wien aus den mächtigen Schneeberg, der sich in ungefähr 60 Kilometer Entfernung vom Horizont abzeichnet. Die geologisch zusammengehörenden Kalkmassive Schneeberg und Rax gelten als letzte Bastion der Ostalpen.

Wie alle Kalkstöcke zwischen Wien und Salzburg haben sich diese Berge aus der Küste des einstigen Urmeeres erhoben. Während des Erdmittelalters bedeckte ein riesiger Ozean das Gebiet der damals noch nicht vorhandenen Alpen. Da und dort lassen sich noch die verschiedensten Ablagerungsformen im Gestein studieren, beispielsweise gebankter Kalk, der aus dem Flachwasser einer Lagune entstanden ist.

Heute sieht es natürlich im Gebiet von Schneeberg und Rax ganz anders aus: breit, massig und pyramidenförmig der eine — langgezogen, plateauförmig und durch tiefe Gräben zerrissen der andere.

Während das Raxplateau von Hirschwang aus mit der ältesten Luftseilbahn Österreichs erschlossen wird, keucht auf den Hochschneeberg eine historische Dampf-Zahnradbahn. Die 1897 eröffnete Schneebergbahn wird seit mehr als einem halben Jahrhundert von den Österreichischen Bundesbahnen (ÖBB) betrieben. Nichts verändert hat sich seit der Eröffnung beim Rollmaterial.

Mit den gleichen fünf Dampfmaschinen, die im Sommer 1902 schon Kaiser Franz Josef I. samt Gefolge auf den Hochschneeberg beförderten, fährt man heute über die Strecke. Verstärkung fand die museale Flotte 1970, als noch eine Dampf-Zahnradlok der Schafbergbahn hinzustieß. Wahrzeichen des Wiener Hausbergs ist die Elisabethkirche. Sie befindet sich in unmittelbarer Nähe des mit 1792 Meter Höhe höchstgelegenen Bahnhofs Österreichs. Schon von weitem erkennt man das stattliche Bauwerk, das zum Andenken an die Ermordung der Kaiserin Elisabeth errichtet wurde.

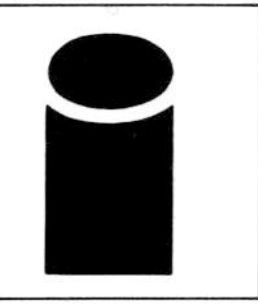

Anreise
Mit der Bahn fährt der Besucher von Wien über Wiener Neustadt (Umsteigen!) nach Puchberg am Schneeberg.

Betriebszeiten
Die Zahnradbahn auf den Hochschneeberg verkehrt von Anfang Mai bis Ende Oktober.

Höhenunterschied
Talstation Puchberg: 576 m
Bergstation Hochschneeberg: 1795 m
Höhenunterschied: 1219 m

Was es zu sehen gibt
Von der Bergstation der Schneebergbahn reicht der Blick nicht nur hinaus ins pannonische Steppenland (so heißt die Ebene östlich von Wiener Neustadt) — man genießt hier auch einen Blick südwestwärts zum benachbarten Raxgebirge. Sein mächtigster Gipfel, die Heukuppe (2007 m), erreicht nicht ganz die Höhe des Schneebergs. Im Gebiet der beiden Gebirge entstanden im letzten Jahrhundert: der erste Bergrettungsdienst der Welt (1896), die erste alpine Schwierigkeitsbewertung durch den Wiener Hofrat Dr. Fritz Benesch (1894) sowie der erste größere Tunnelbau in den Alpen — ein Wasserstollen von 1827.

Hotelvorschläge
Rechtzeitige Reservierung ist Bedingung für ein Zimmer im Berghaus Hochschneeberg, von wo aus man den herrlichen Sonnenuntergang genießt. Weitere Unterkünfte gibt es in Puchberg.

Karten
Landesaufnahme vom Bundesamt für Eich- und Meßwesen, 1:25 000; „Schneeberg und Rax".

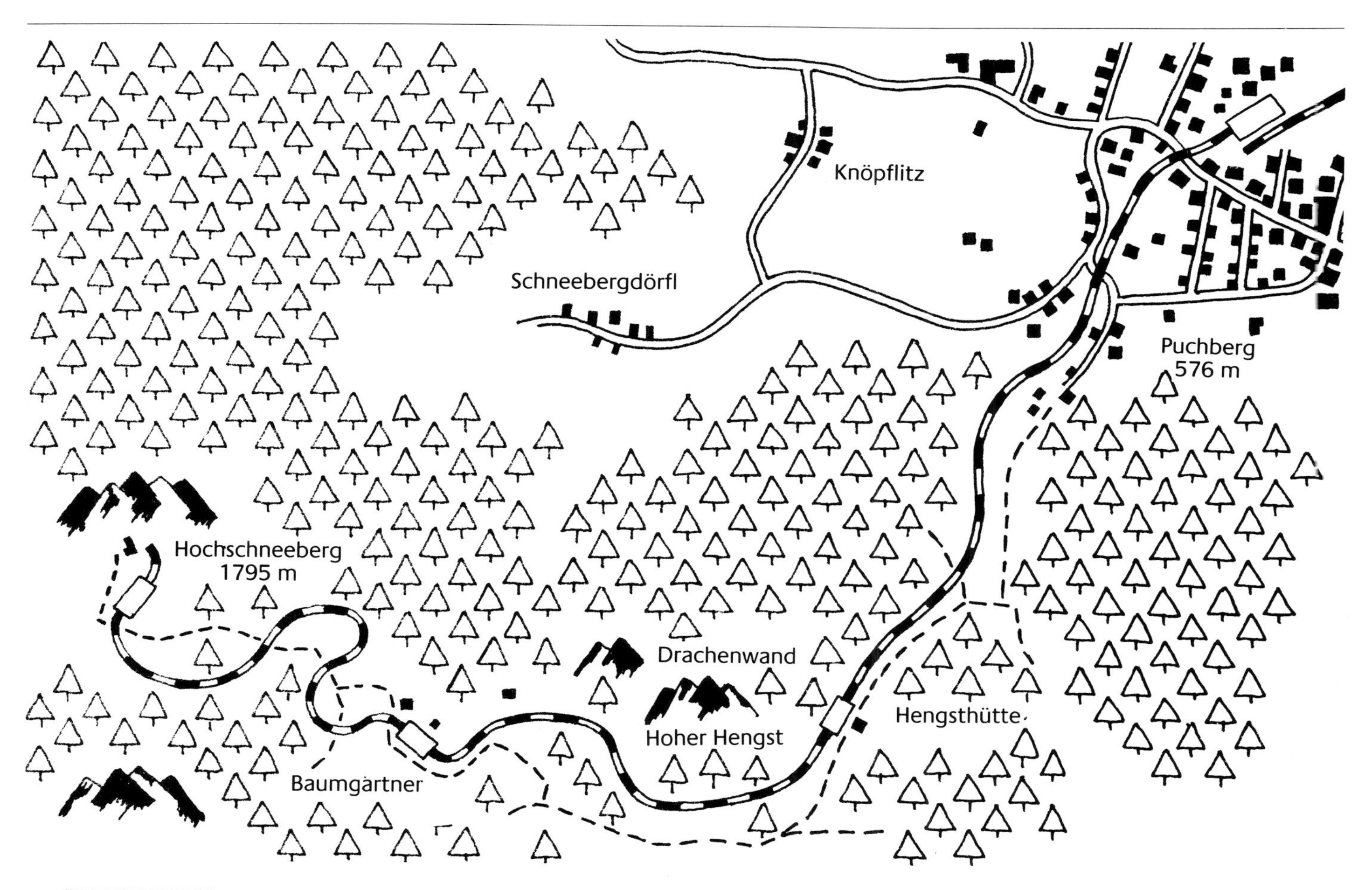

Die Schneebergbahn führt nicht, wie der Name vermuten läßt, auf den Gipfel des Schneebergs. Von der Bergstation der Dampf-Zahnradbahn bis zur Bergspitze Klosterwappen (2076 m) fehlen noch happige 284 Höhenmeter. Wer seine Bergschuhe dabei hat, macht sich also daran, den Wiener Hausberg zu erklimmen. Die Bergwanderung beginnt beim Bahnhof und führt am Südhang des Waxriegels zunächst zur Bergwirtschaft Damböck (1810 m). Erst dort beginnt der eigentliche Gipfelanstieg über Ochsenboden und Höhenkote 1939. Zur Hochschneebergstation zurück gelangt man via Fischerhütte, Hackermulde und Ochsenboden. Die bewirtschaftete Fischerhütte befindet sich übrigens nur zwölf Meter unterhalb des zweithöchsten Schneeberggipfels. Mit dem Kaiserstein (2061 m) und dem Klosterwappen lassen sich also an diesem Tag gleich zwei Zweitausender besteigen. Der mühelose Weg von einem zum anderen Gipfel führt über den gut markierten Grat. Etwas weniger anstrengend ist natürlich die Talwanderung nach Puchberg. Der Spaziergänger verläßt die weitläufige Hochfläche des Schneebergs wiederum beim Bahnhof und steigt durch kurzwüchsigen Föhrenwald hangabwärts. Dabei überquert er die Kehrtunnels der Schneebergbahn, und trifft bei der Haltestelle Baumgartner auf den durchschnittlich drei Meter breiten Hengstweg. Weiter geht's parallel zur Bahnstrecke durch dichten Nadelwald. Bei der Haltestelle Hengsthütte kann man versuchen, einen Sitzplatz im nächsten talwärts fahrenden Zug zu ergattern. Bei dem chronischen Platzmangel ist es jedoch ratsam, die Wanderung gleich bis Puchberg (via Hauslitzkogel und Hengsttal) fortzusetzen.

Auf ihrer Bergfahrt stoßen die fauchenden und stampfenden Dampfmaschinen mächtige Rauchfahnen aus. Oberhalb der Baumgrenze nehmen die 6 Feuerbüchsen die größte Steigung (200 Promille) in Angriff.

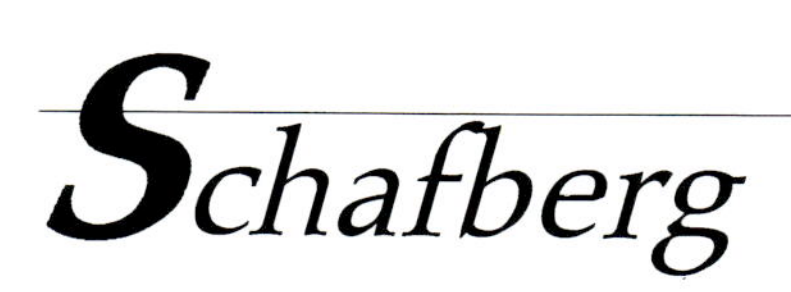

Schafberg

Umfassende Gipfelschau mit Blick auf dreizehn Bergseen

Vorangehende Seite: 6 Dampflokomotiven aus den Jahren 1893/94 und 2 Dieseltriebwagen befördern jährlich zehntausende Wanderer vom idyllisch gelegenen Wolfgangsee auf den 1783 Meter hohen Schafberg.

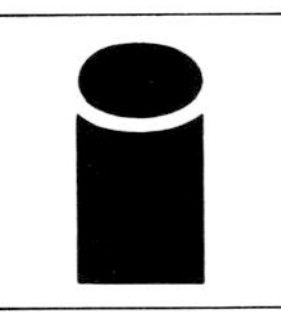

Anreise
Leider führt keine Bahnlinie zum Wolfgangsee. Mit den ÖBB gelangt man von Wien oder Salzburg nach Bad Ischl. Von dort geht's mit dem Bus nach St. Wolfgang.

Betriebszeiten
Die Schafbergbahn verkehrt von Frühling bis Herbst, etwa zwischen 7. Mai bis 9. Oktober.

Höhenunterschied
Talstation St. Wolfgang: 544 m
Bergstation Schafberg: 1732 m
Höhenunterschied: 1188 m

Was es zu sehen gibt
Die Rundschau von der Schafbergspitze ist etwas verwirrend. Die zahllosen Seen im Blickfeld gleichen einander so stark, daß man Mühe hat, die Himmelsrichtung zu bestimmen. „Welches ist denn nun schon wieder der Wolfgangsee?", mag manch ein Besucher fragen, und dabei vielleicht auf den benachbarten Mond- oder Attersee deuten. Ein Einheimischer schüttelt den Kopf und weist nach Süden. Dort am Horizont zeichnet sich die Dachsteingruppe ab: eine ideale Orientierungshilfe.

Hotelvorschläge
Wohl niemand kann der Versuchung widerstehen, einmal im Operettenhotel „Weißes Rößl" zu übernachten, selbst wenn die Preise noch so gepfeffert sind. Am günstigsten schläft man aber hoch oben im Hotel Schafbergspitze.

Karten
Kompass-Wanderkarte, 1:35 000; Blatt K 018 „Wolfgangsee".

Nicht weit von Salzburg erstreckt sich im Bundesland Oberösterreich eine für die Alpen sicher einmalige Seenlandschaft mit über dreißig größeren und kleineren Binnengewässern.

Bad Ischl war einst das Zentrum des Tourismus, dort traf sich die sogenannte feine Welt. Natürlich besaß auch der alte Kaiser Franz Josef in Ischl eine Villa, oft residierte er hier den ganzen Sommer über, und pflegte sein Hobby, die Jagd. In seinem langen Leben schoß er genau 50 556 Jagdtrophäen, die noch heute in der Kaiservilla von Ischl zu besichtigen sind. Nicht weit von Bad Ischl liegt der Wolfgangsee, viel besungen nach Ralph Benatzkys Operettenschlager „Im Weißen Rößl am Wolfgangsee". Das „Weiße Rößl", vornehmster Gasthof in St. Wolfgang, existiert tatsächlich — ebenso der Schafberg, nennenswertester nördlicher Gipfel der Salzburger Voralpen.

An manchen hochsommerlichen Tagen herrscht viel Betrieb an der Talstation der Schafbergbahn. Die Bersucherinnen und Besucher drängen sich dann vor den Kassenschaltern, und warten ungeduldig auf die nächste Abfahrt. So manche wünschen sich einen Sitzplatz in den nostalgischen Dampfzügen, für viele reicht's jedoch nur zu einem holprigen „Ritt" in den zwei schlichten Diesel-Triebwagen. Auf der Schafbergspitze angekommen, entschädigt jedoch die herrliche Rundsicht für das eben erlittene Ungemach. Das markante Schafberghorn (1783 m) fällt gegen Norden steil ab. Auf diesem exponierten Felssporn steht seit 1839 ein Hotel, das gleich mehrmals erneuert und erweitert wurde. Nicht weniger als dreizehn Seen können vom exponierten Hauptgipfel aus gezählt werden.

Sechs Zahnrad-Dampflokomotiven aus den Jahren 1893/94 und zwei 1964 gelieferte dieselhydraulische Triebwagen (übrigens die ersten der Welt) besorgen den Betrieb auf der 5832 Meter langen Strecke. An der Uferstraße bei St. Wolfgang beginnt die Trasse, dort befinden sich auch

Ohne Zählkarte für die Talfahrt gibt's nur eins: den Abstieg vom Schafberggipfel auf Schusters Rappen. Auf den Wanderwegen rund um die Schafbergspitze herrscht dafür auch viel weniger Hektik als rund um die Bergstation der Zahnradbahn. Bereits auf dem Nebengipfel, der Spinnerin (1725 m), hat man den Trubel hinter sich gelassen. Eine großartige, durch kein Geländer gesicherte Gratwanderung vermittelt dem geübten Bergwanderer selbst auf dem Schafberg noch so etwas wie Gipfelglück.
Auf Nummer Sicher geht dagegen, wer den gemütlichen Spazierweg über die Schafbergalm wählt. Auf diesem bieten nicht nur die vorbeikeuchenden Dampfzüge lohnende Fotomotive, auch die Alpenflora am Weg hat einiges zu bieten. Nach den Hütten der Schafbergalm wandert man durch stämmige Tannenwälder weiter talwärts. Parallel zur Zahnradbahn weist der Riedersteig durch dichte Laubmischwälder nach St. Wolfgang. Garantiert keine Halbschuhtouristen trifft der Berggänger auf den Steigen zwischen Schafbergspitze, Spinnerin und Mönichsee. Dort erlebt er noch Stille und Bergeinsamkeit, nebst einigen berauschenden Tiefblicken. Der Pfad ist stellenweise mit Drahtseilen gesichert. Vom Schafberg wendet sich der Bergwanderer zunächst westwärts bis zur Felsenenge mit dem sinnigen Namen „Himmelspforte". Die in den Fels gehauenen Stufen weisen im Zickzack steil die Wand hinunter, Schwindelfreiheit ist hier gefragt. Drei Bergseen erwarten den Wanderer am Fuße der Steilstufe. In einer Karmulde liegt östlich der senkrecht aufsteigenden Schafbergwand der grüne Suissensee, auf 1400 m folgt ein gutes Wegstück später der Mittersee. Bis zum Mönichsee sind es vom Schafberggipfel rund 2 Stunden. Noch einmal soviel Zeit benötigt man für den Abstieg entlang dem Dietelbachgraben nach St. Wolfgang.

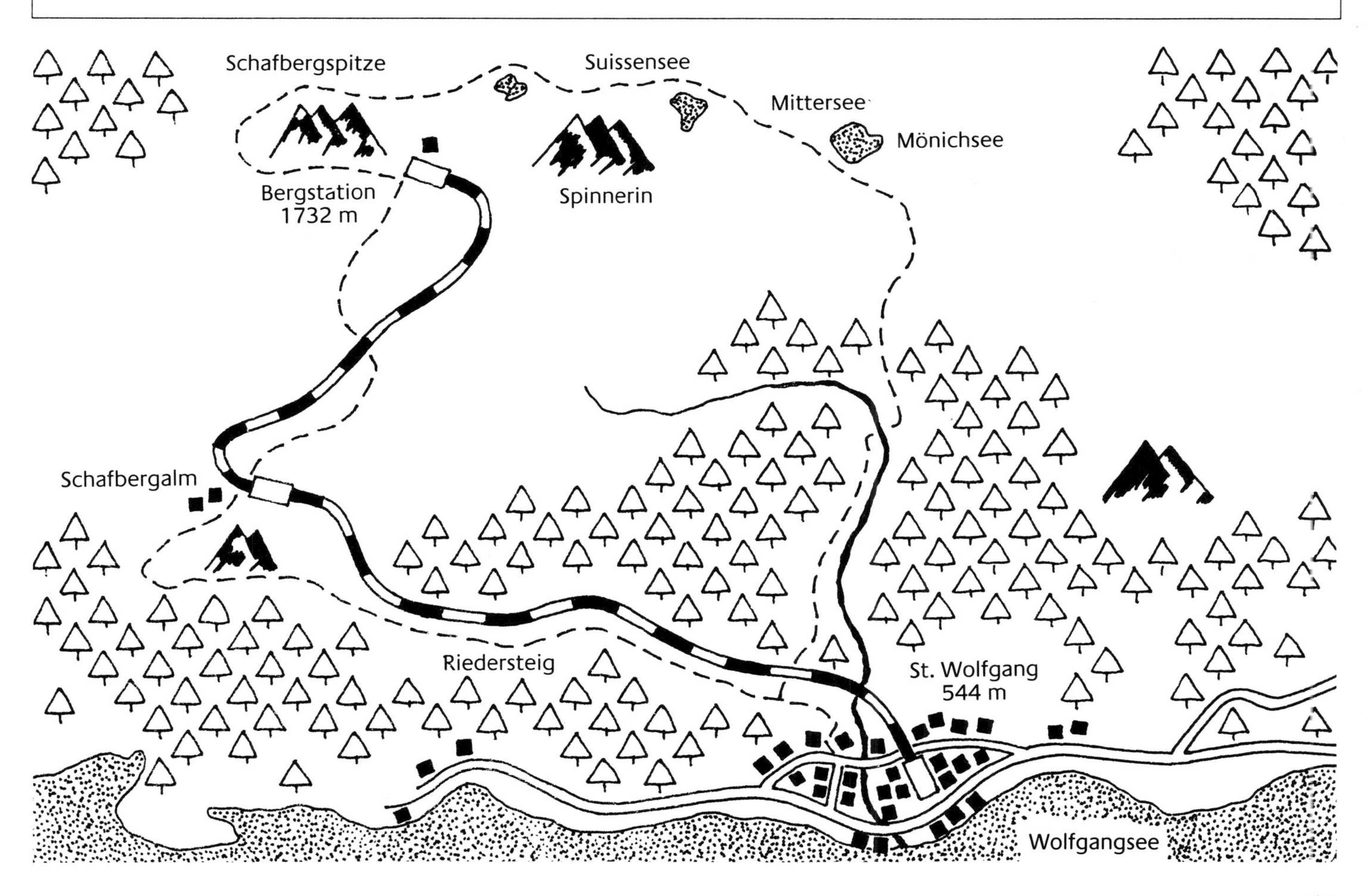

die Betriebs- und Werkstättengebäude. Dicht an der Landesgrenze zwischen Oberösterreich und Salzburg schnauben die dunkelblauen Feuerbüchsen über eine bis zu 255 Promille geneigte Strecke zur Schafbergspitze. Die nächste Bahn-

station der ÖBB liegt in Bad Ischl. Bis zum 30. September 1957 dampfte von dort aus die Salzkammergut-Lokalbahn an den Wolfgangsee. Die Österreichischen Bundesbahnen rationalisierten sie vor mehr als 30 Jahren vom Berg weg. Viele sahen darin einen Schildbürgerstreich, kostete doch die Liquidation des Bähnchens 44 Millionen Schillinge mehr als die vorher veranschlagte Elektrifizierung samt neuen Fahrzeugen.

Ganz schön heiß wird es in den engen Führerkabinen der Dampfmaschinen, wenn der Heizer seine Lok auf Hochdruck setzt (links). Eine bleibende Erinnerung: das Kursschiff und das Weiße Rößl am Wolfgangsee (unten).

Wendelstein

Die gelben Holzzüge des Geheimen Kommerzienrats Otto von Steinbeis

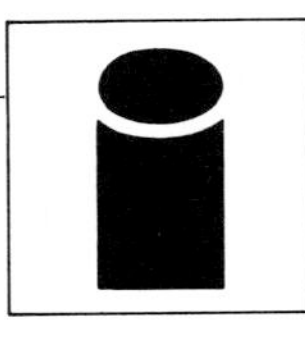

Anreise

Mit dem Zug erreicht man Brannenburg von München oder Innsbruck aus. Vom DB-Bahnhof folgt man zu Fuß den Wegweisern bis zur Talstation der Wendelsteinbahn.

Betriebszeiten

Im Sommer und im Winter verkehren die Züge mehrmals täglich — Stillstandzeiten beachten.

Höhenunterschied

Talstation Brannenburg: 508 m
Bergstation Wendelstein: 1723 m
Höhenunterschied: 1217 m

Was es zu sehen gibt

Ein Besuch der Wendelsteinhöhle lohnt sich: Sie gehört zu einem größeren Höhlensystem unterhalb des Hauptgipfels. Fast 300 Meter dieses Höhlennetzes sind für Touristen zugänglich. Ein kurzer Blick in das „Wendelstein-Kircherl", dem höchstgelegenen Gotteshaus Deutschlands, gehört selbstverständlich auch ins Pflichtprogramm des Wendelstein-Besuchers.

Hotelvorschläge

In Brannenburg bietet sich das Gästehaus Müllnerstüberl an. Es liegt an der Milbinger Strasse 26, und zeichnet sich durch seinen authentischen Baustil mit schönen Fassadenmalereien aus. Wer etwas luxuriöser übernachten will, kehrt im „Landhotel Hubertushof" an der Nußdorfer Straße 13-17 ein. Alle Zimmer haben Bad / Dusche / WC und Telefon.

Karten

Kompass-Wanderkarte, 1:30 000; Blatt K 009 „Oberaudorf".

Während Watzmann und Zugspitze gern als Aushängeschilder des Deutschen Alpenrenommees herhalten müssen, und dementsprechend viele Touristen aus aller Welt anziehen, regt der Wendelstein eher Herz und Gemüt. Jedenfalls ist er der meistbesungene Berg in Bayern. Mit seinen 1838 Metern Höhe macht er allerdings nicht gerade Staat, und doch ragt er so eindrucksvoll ins Voralpenland hinein.

Schon früh hat der einfach zu besteigende Berg berühmte Reisende aus ganz Europa angelockt. Da sind verschiedene gekrönte Häupter zu nennen, wie der Bayernkönig Max II. oder Prinzregent Luitpolt von Bayern. Aber auch der gerade 20 Jahre alte Maler der Romantik, Ludwig Richter, bestieg auf seiner Reise nach Italien im Jahre 1823 den Wendelstein. Der wackere Künstler erregte zu seiner Zeit einiges Aufsehen, als er in einem einzigen Tag von München bis nach Schliersee marschierte. Auch viele bayerische Dichter und Schriftsteller, wie Franz von Kobell oder Ludwig Steub, hielten sich nicht mit Lobpreisungen über den Wendelstein zurück. So galt der 1838 Meter hohe Berg in der zweiten Hälfte des 19. Jahrhunderts denn auch als meistbestiegener Gipfel in den bayerischen Alpen. Die höchstgelegene Kirche Deutschlands krönt seit 1890 die Schwaigerwand des Wendelsteins, „Vater" dieses Kirchleins war der Münchner Max Kleiber, Professor an der Akademie der Bildenden Künste.

Am 25. Mai 1912 wurde die Zahnradbahn auf den Wendelstein eingeweiht. Nachdem bereits um die Jahrhundertwende Projekte ausgearbeitet wurden, den Wendelstein zu erschließen, machte der Geheime Kommerzienrat Otto von Steinbeis schließlich das Rennen. Er verfügte neben der Erfahrung im Eisenbahnbau auch über die nötigen finanziellen Mittel, um den Bau zu realisieren. Nach Einsprüchen von Naturschützern erteilte 1910 der bayerische Prinzregent Luitpolt definitiv die Baukonzession.

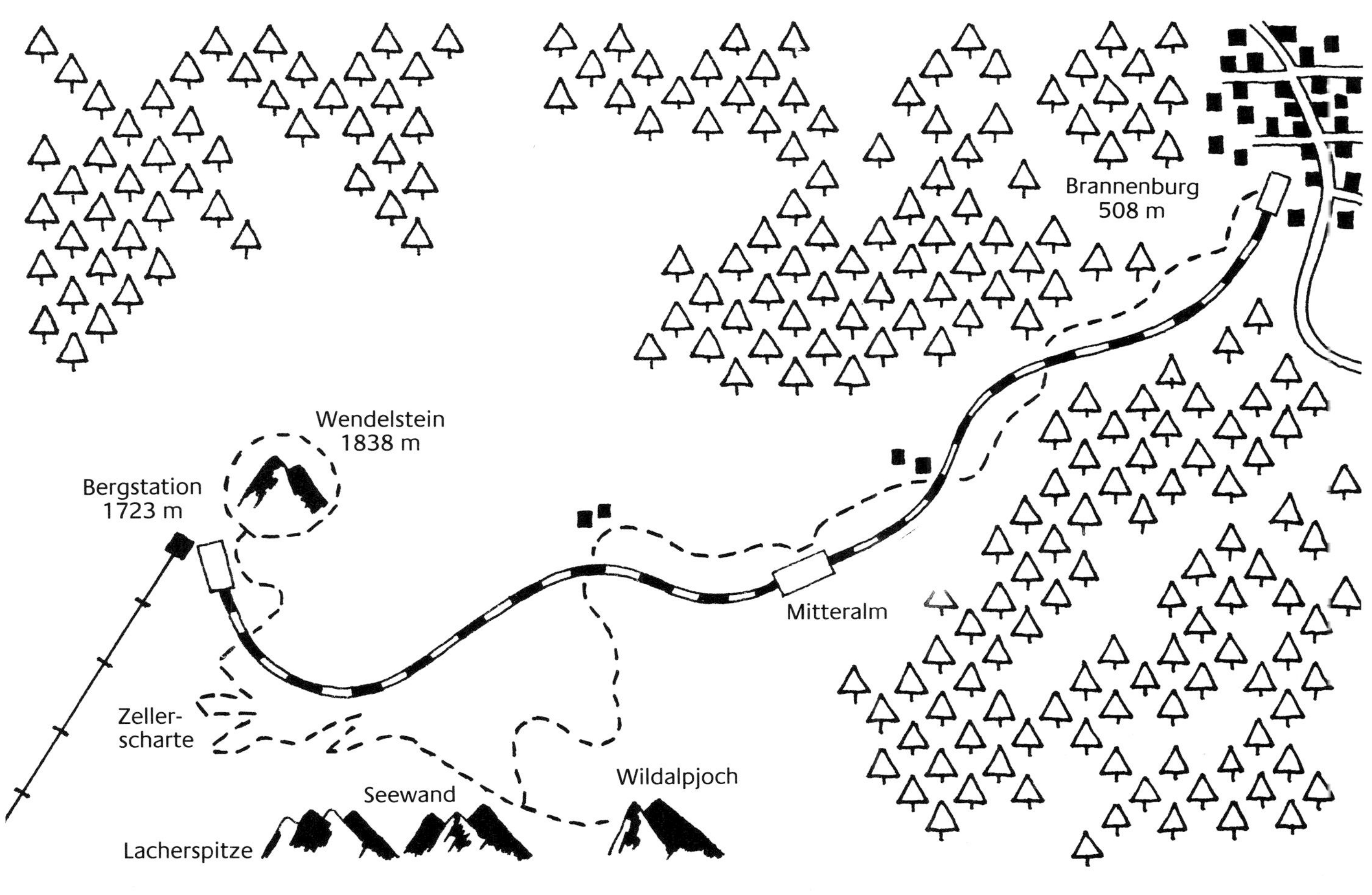
Brannenburg
508 m
Wendelstein
1838 m
Bergstation
1723 m
Mitteralm
Zeller-
scharte
Seewand
Wildalpjoch
Lacherspitze

Bilderbogen vom Wendelstein: Die nostalgischen Zugkompositionen auf den Wendelstein (links) fahren durch dichte Wälder (rechts). Das Gipfelpanorama (großes Bild sowie Seite 21) kann sich sehen lassen.

In dieser Zeit verhalfen ähnliche Bergbahnen in der Schweiz bereits ganzen Regionen zu einigem Wohlstand. Um ebenfalls vom Tourismus zu profitieren, trieb man das Projekt der Wendelstein-Zahnradbahn mit aller Kraft voran. Bei der Wahl der Strecke verzichtete man bewußt auf den einfacheren aber wetterexponierten Streckenverlauf. Man wollte sichergehen, daß der Betrieb der Bahn auch im Winter gewährleistet war. So entschied man, die Schienen entlang den Wänden des Wildalpjochs und des Soin zu bauen.
Es ist eindrucksvoll und abenteuerlich, in den gelben, kastenförmigen Wagen der Wendelstein-Zahnradbahn den Berg zu erklimmen. Drei der vier Lokomotiven stammen noch aus dem Jahr 1912. Von der Maschinenfabrik Esslingen gebaut und von der BBC Baden mit der elektrischen Ausrüstung versehen, leisten sie noch heute wertvolle Dienste. Pro Fahrt können 208 Personen befördert werden. Bei der großen Beliebtheit, der sich der Wendelstein als Ausflugsziel erfreut, war es nur eine Frage der Zeit, bis die Kapazität der Zahnradbahn erschöpft war. So baute man schließlich 1970 eine moderne Großkabinenseilbahn vom Leitzachtal auf den Berg. Sie kann pro Stunde 450 Personen befördern. Heute hat der Besucher des Wendelsteins die Möglichkeit zu einer Art Rundfahrt: Er macht die Bergfahrt mit der einen, die Talfahrt mit der anderen Bahn. Zwischen den beiden Talstationen besteht eine Busverbindung, so kommen alle Ausflügler wieder an ihren Ausgangspunkt zurück.

Nicht umsonst ist der Wendelstein ein so gut besuchtes Ausflugsziel. Neben den beiden Bahnen, die hinaufführen, überzieht ihn auch ein attraktives Netz von Wanderwegen. Eine Vielzahl von Wanderungen sind beliebig mit Zahnradbahn und Seilbahn kombinierbar, so daß man den Berg immer wieder neu entdecken kann.
Als Aufwärmstrecke eignet sich der bequeme Gipfelrundweg. Er führt auf gutem Pfad bis auf 1838 Meter Höhe, und nimmt etwa eine Stunde in Anspruch. Vom Gipfel des Wendelsteins hat man einen herrlichen Ausblick auf den Watzmann im Osten, die Zugspitze im Westen und die Zentralalpen im Süden. Bei klarem Wetter sind sogar die Münchner Frauentürme auszumachen. Wieder zurück zum Wendelsteinhaus, gelangt man über den Panorama-Gipfelrundweg, der auch am Eingang zur Wendelsteinhöhle vorbeiführt.
Ausgangspunkt für eine längere Wanderung nach Brannenburg ist die Bergstation. Über den steilen Osthang steigt man hinab in die Zeller Scharte. Bei der „Hohen Mauer", dem größten Bauwerk der Zahnradbahnstrecke, lohnt es sich, auf einen abfahrenden oder ankommenden Zug zu warten — allemal ein hübsches Motiv fürs obligate Erinnerungsalbum. Über den grünen Nordhang der Lacherspitze erreicht der Bergwanderer den Fuß der Seewand. Hier führt ein steiniger Weg in stetem Auf und Ab zum 1729 Meter hohen Wildalpjoch. Zurück geht's zur 1663 Meter hohen Seewand, und weiter nordwärts dem gut markierten Weg entlang bis hinunter zur Mitteralm. Je nach Verfassung kann man dann mit der Zahnradbahn zurück zur Talstation fahren oder zu Fuß zurückspazieren.

Zugspitze

Heute bestaunt, während des Zweiten Weltkriegs beschossen . . .

Höher hinauf geht es in Deutschland nicht mehr. Jedes Schulkind lernt: Mit 2964 Meter Höhe ist die Zugspitze der höchste Berg im Land. Damit besitzt Deutschland keinen einzigen Dreitausender, fehlen bis zur magischen Höhenkote auch nur 36 Meter. Doch Deutschland will seine Zugspitze nicht aufstocken, wie das etwa die Walliser mit ihrem Fletschhorn beabsichtigen (dort sollen einige Kubikzentner Beton helfen, den mächtigen Dreitausender in einen mickrigen Viertausender zu verwandeln).
Deutschlands höchster Berg steht seinen Tiroler Kollegen trotz der fehlenden Meter in nichts nach. Schön und steil, wie kaum ein Viertausender, erhebt sich das Zugspitzmassiv an der deutsch-österreichischen Grenze. Ragt der Berg wie ein Felszahn aus dem lieblichen Talgrund von Garmisch, so wirkt er von der gegenüberliegenden Seite wie eine gewaltige Mauer, welche den Nördlichen Kalkalpen einen eindrucksvollen Schlußpunkt setzt. Sogar einen Gletscher weist der Fast-Dreitausender auf; und zu seiner Spitze führen so viele Bahnen, wie auf kaum einen anderen Berg in den Alpen. Die schmerzlichen Wunden, die man diesem Naturdenkmal Deutschlands zugefügt hat, sieht man glücklicherweise nur aus nächster Nähe. Auf dem Gipfel reiht sich eine Betonburg an die andere: Seilbahnhöfe, Aussichtsterrassen, Großkantinen; auch die Bundespost und wissenschaftliche Forschungsinstitute haben sich hier oben häuslich eingerichtet.
Die Zugspitze ist Teil des Wettersteingebirges. Mit einer Ausdehnung von gut 25 Kilometern wird das Massiv im Westen von der Ortschaft Ehrwald und im Osten von Mittenwald begrenzt. Zu seinen Füßen liegt im Norden das Touristenzentrum Garmisch-Partenkirchen.
Wie die meisten Berge in den Nördlichen Kalkalpen ist auch das Wetterstein-Gebirge aus har-

Brandneue Zahnradtriebwagen (unten) setzt die Zugspitzbahn ein. Mit etwas älteren Einheiten und einer kühn angelegten Luftseilbahn (rechts) erreicht man ebenfalls die Zugspitze. Seite 25: Skiakrobatik auf dem Zugspitzplatt.

A
3

tem Triaskalk aufgebaut. Mächtige Felstürme und wuchtige Gipfel, die sich viele hundert Meter vom Talboden aufschwingen, sind zu bewundern. Mit Ausnahme der Zugspitze sind alle Gipfel noch den Bergsteigern vorbehalten.

Einst von einem dicken Eispanzer bedeckt, ragten noch vor 20 000 Jahren nur gerade die Spitzen des Wettersteinmassivs aus dem riesigen Gletscher empor. Der Garmischer Talboden lag damals unter einer tausend Meter dicken Eisschicht. Das geologisch geschulte Auge erkennt im Rein- und Höllental typische, von eiszeitlichen Gletschern ausgeschliffene Wannen. Beide Täler führen von Nordosten an die Zugspitze heran und sind ein vielgerühmtes Idealrevier für anspruchsvolle Wanderungen.

Heute kann man sich die einstige Gletscherbedeckung in den Nördlichen Kalkalpen nur noch mühsam vorstellen. Während es in der Schweiz noch 1800 Gletscher gibt, zählt man in Österreich noch immerhin deren tausend. Deutschland muß sich gerade mit vier begnügen. Zwei davon liegen im Zugspitzmassiv: der Schneeferner auf dem Zugspitzplatt und der Höllentalferner zwischen Riffelwand und Höllentalspitzen.

Durch das Höllental führt auch der schönste und abenteuerlichste der Normalwege auf die Zugspitze: ein hochalpines Unternehmen, das neben sehr guter Kondition auch absolute Trittsicherheit und Schwindelfreiheit voraussetzt — und eine entsprechende Ausrüstung.

So erklimmen wohl die wenigsten der fünfhunderttausend jährlichen Touristen aus eigener Kraft die Zugspitze. Viel schneller, bequemer und für jedermann zu bewerkstelligen, ist dagegen die Fahrt mit den Fahrzeugen der Bayerischen Zugspitz AG.

Im Gegensatz zu den älteren Triebwagen sind die beiden neuen, weißblau leuchtenden Züge mit einem kombinierten Adhäsions- und Zahnradantrieb ausgerüstet. Damit können sie die 18,7 Kilometer lange Strecke von Garmisch zur Zugspitze durchgehend befahren. Bis vor kurzem mußte in Grainau ausnahmslos umgestiegen werden. Bis zum dortigen Zugspitz-Talbahnhof führt ein meterspuriges Bähnchen, dem bis zu sieben Personenwagen angehängt werden können.

Seit dem Kauf der zwei Doppeltriebwagen ermöglichen diese erstmals auch ab Garmisch einen Zugverkehr im Halbstundentakt. Glücklich schätzt sich, wer im bequemen Gefährt gleich sitzen bleiben kann, und zwar bis zur Bergstation Schneefernerhaus. Hinter Grainau beginnt dann doch die Strecke mit Zahnstangenantrieb (System Riggenbach). Gleich die erste Station, Eibsee, lädt dazu ein, hier die Reise vorzeitig zu beenden, und für den Rest des Tages am herrlich gelegenen Bergsee zu sitzen. Doch steckt bereits die teure Fahrkarte zur Zugspitze in der Tasche, und so bleibt man eben sitzen. Zwischen Eibsee und Schneefernerhaus steigt die Trasse steil an. Auf diesem Abschnitt werden Steigungen bis zu 250 Promille überwunden. Geschützt vor Lawinen und Steinschlag rollt der Zug gleich nach der Station Riffelriß (1640 m) in den 4,5 Kilometer langen Tunnel. Über mehrere Kehren schraubt sich das Fahrzeug nun im Innern der Zugspitze aufwärts. Unterirdisch wurde auch die Endstation gebaut. Eine kühn angelegte Luftseilbahn steuert vom Schneefernerhaus den Zugspitzgipfel an, und bezwingt dabei die letzten 300 Höhenmeter. Wer das Würstchen im Bergrestaurant verzehrt hat, fährt heute mit seinem Rundreiseticket auf direktem Weg zum Eibsee hinunter. Die 1962 eröffnete Eibsee-Seilbahn sorgt für einen schnellen „Lift". Auch ein Abstecher nach Österreich liegt drin. Eine zweite Seilbahn bringt die Besucher hinunter nach Ehrwald in Tirol. Wer die Talfahrt noch nicht so bald antreten möchte, darf natürlich noch ein wenig oben bleiben. Eine dritte Schwebebahn bringt ihre Passagiere aufs Zugspitzplatt hinunter.

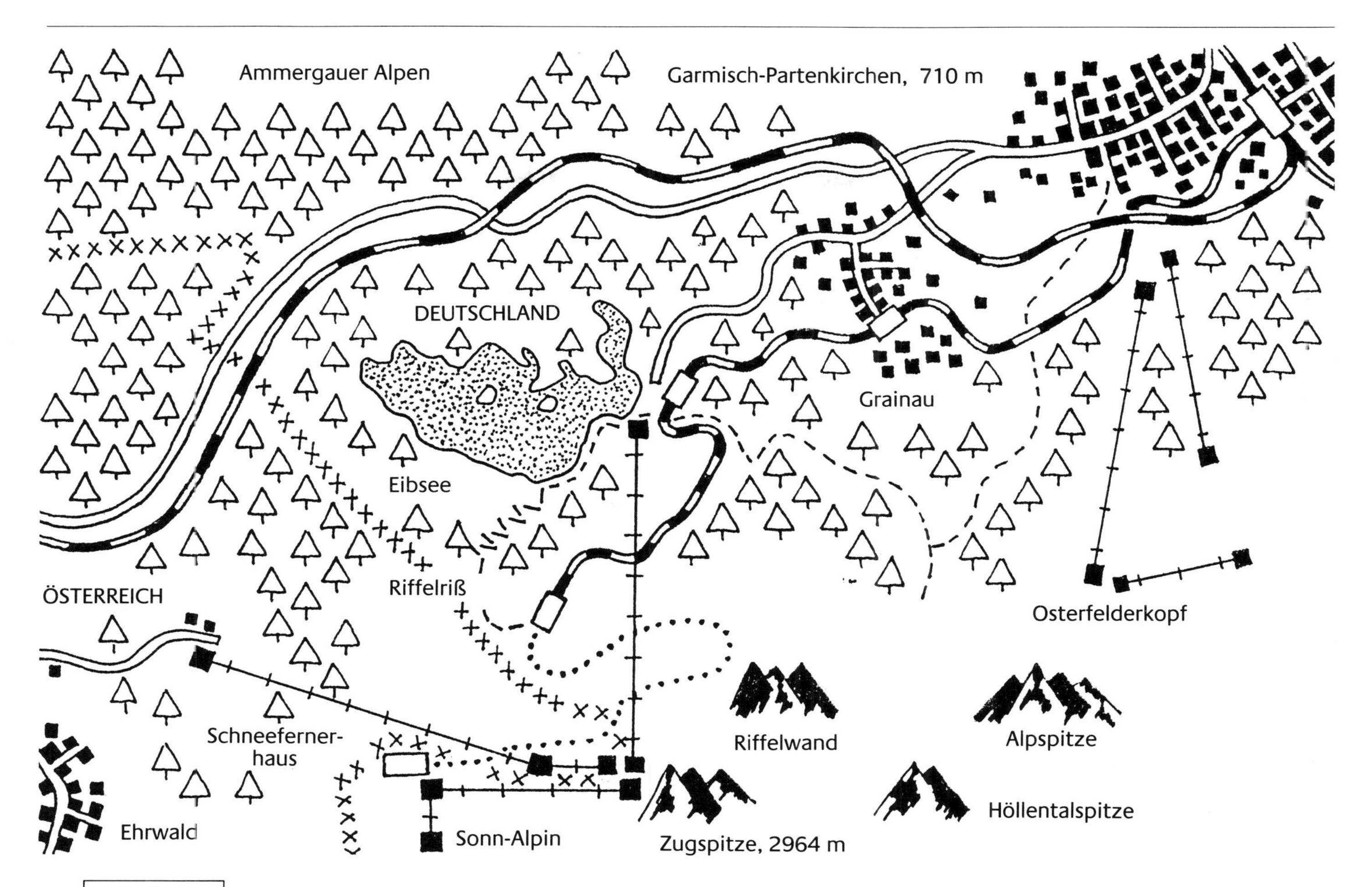

Die Zugspitze ist mit ihren mächtigen Felsfluchten und Gletschern kein eigentlich typischer Wanderberg, ebensowenig die benachbarte Alpspitze (2628 m). Letztere kann der Bergfreund auf gut markierten Pfaden ersteigen. Mehrere Luftseilbahnen erleichtern den Aufstieg. So liegen zwischen der Bergstation der Osterfelderbahn (2050 m) und dem Alpspitzgipfel nur noch 578 Höhenmeter. Der Nordwand-Klettersteig zur Alpspitze, wenngleich mit einer ungeheueren Menge Eisen versehen, bleibt jedoch ausdrücklich geübten Berggängern vorbehalten. Schon eher Gefallen findet der reine Wanderfreund an den zwölf Wegen, die vom Osterfelderkopf in alle Richtungen führen (Dauer: vom 30-Minuten-Bummel bis zur anspruchsvollen 6-Stunden-Wanderung reicht das Angebot).
Wer dann doch an den steilen Flanken der Zugspitze wandern möchte, dem sei folgender Pfad empfohlen: Auf der Rückfahrt von der Zugspitze verläßt man den Zug bei der Station Riffelriß (1640 m). Nach einer 4,5 Kilometer langen Tunnelfahrt wieder an der frischen Luft, genießt man erst einmal die Aussicht auf die benachbarten Ammergauer Alpen mit der Kreuzspitze (2185 m). Bedeutend näher liegt in einem dunkelgrünen Waldbecken der Eibsee. Zu diesem gelangt man entweder über einen Wanderpfad entlang der Zahnradbahn, oder via Seealm und Zugwald auf etwas kürzerer Strecke. Es lohnt sich auch, einmal rund um den See mit seinen kleinen Inseln zu schlendern — ein Bad im sommerlich warmen Eibsee auf rund 1000 Meter Seehöhe inbegriffen. Auch Ruder- und Tretboote können hier gemietet werden. Genügend Zeit für einen Abstecher ins Höllental bleibt dann wohl nicht mehr. Ein gutes Stück wird man aber schon noch auf dem Höhenweg durch den Riffelwald marschieren. Bevor dieser Weg nach Süden ins Höllental abbiegt, gilt es nach Hammersbach hinunterzusteigen. Weiter nach Garmisch führt ein gemütlicher Weg über saftig grüne Wiesen.

Ein markanter Eckpfeiler der nördlichen Kalkalpen: das 2964 Meter hohe Felsmassiv der Zugspitze (Seiten 30/31). Höher geht's in Deutschland nicht mehr. Für die benachbarten Österreicher zählt der Fast-Dreitausender dagegen kaum.

Nicht annähernd so friedlich präsentierte sich die Zugspitze während des Zweiten Weltkriegs. 1945 kam das Schneefernerhaus stark unter Beschuß, Bomben zerstörten es schließlich ganz. Nach Kriegsende konnte es wiederaufgebaut und am 13. Dezember 1952 von neuem eröffnet werden.

Zu den Errungenschaften der letzten Jahre zählt das beachtliche Bauwerk des Rositunnels: 55 Jahre nach der Eröffnung vom 8. Juli 1930 wurde ein neuer Zahnradbahntunnel zum Zugspitzplatt in Angriff genommen. Der 975 Meter lange Durchstich konnte bereits zwei Jahre später dem Betrieb übergeben werden. Dank dieser neuen Verbindung finden vor allem im Winter alle Brettelfreunde raschen Zugang ins Skigebiet. Früher mußte noch mühsam in Zubringerseilbahnen umgestiegen werden. Der neue Rositunnel, dem „Gold-Rosi" Mittermaier-Neureuther ihren Namen lieh, ist übrigens der erste nach 1930 in Deutschland gebaute Bergbahntunnel. Waren seinerzeit noch bis zu 2000 Arbeiter an dem 4,5 Kilometer langen Loch zwischen Riffelriß und Schneefernerhaus im Einsatz, so bestand 1985 ein Arbeitsteam noch aus einem Schachtmeister, drei Mineuren, vier Gerätefahrern, einem Spritzbetonfachmann, einem Maschinenschlosser und ein bis zwei Hilfskräften.

Im Mittelpunkt zukünftiger Planungen steht das Zugspitzplatt. „Sonn-Alpin" wird schon bald einmal zum neuen Zielbahnhof für alle Zugspitz-Touristen erkoren werden.

Vor nunmehr über sechzig Jahren wurde die Zugspitze als Ausflugsziel mit Bergbahnen erschlossen. Zu jener Zeit stand noch das Erleben der Berge bei fast allen Besuchern im Vordergrund. Heute muß die Bahnverwaltung aber auch den Ansprüchen der Skitouristen gerecht werden, die von Oktober bis Mai ein schnelles und bequemes Transportmittel ins Skigebiet auf dem Zugspitzplatt erwarten.

Anreise

Nach Garmisch gelangt man von München aus mit dem Intercity. Von Innsbruck fahren Züge direkt über die Karwendelstrecke nach Garmisch.

Betriebszeiten

Zahnradbahn und Gipfelseilbahn verkehren das ganze Jahr.

Höhenunterschied

Talstation Garmisch: 710 m
Bergstation Schneefernerhaus: 2650 m
Höhenunterschied: 1940 m

Was es zu sehen gibt

Vom Hotel Schneefernerhaus (Bergstation der Zugspitz-Zahnradbahn) führt ein Weg zum sogenannten „Windloch", von wo aus der Blick über das tiefe Talbecken von Lermoos und Ehrwald ins benachbarte Tirol reicht. Eine gute Stunde dauert der Gletscherrundgang: keine Sorge, die Strecke ist gut markiert. Zurück geht es über die Kapelle auf dem Zugspitzplatt zur Talstation der Gletscherbahn. Wer noch ein Weilchen auf Sonn-Alpin (2588 m) bleiben möchte, genießt die Aussicht vom 1983 eröffneten Gletscherrestaurant. Zurück zum Schneefernerhaus führt schließlich die bereits erwähnte Luftseilbahn.

Hotelvorschläge

Deutschlands höchstgelegenes Hotel ist das Schneefernerhaus, rund 300 Meter unterhalb des Zugspitzgipfels. In der sauberen Hochgebirgsluft läßt es sich in den komfortablen Zimmern gut schlafen. Weitere Hotels in allen Preislagen findet der Gast natürlich in Garmisch.

Karten

Kompass-Wanderkarte, 1:50 000; Blatt K 25 „Ehrwald-Lermoos-Mieminger Kette".

Achensee

Seit über 100 Jahren leistet die erste Tiroler Bergbahn zuverlässige Dienste

Das Rofan-Gebirge erklimmt man zu Fuß oder mit der Luftseilbahn von Maurach aus. Von der Bergstation Erfurter Hütte (1831 m) führt ein Weg am Mauritz-Hochleger (vorangehende Seite) vorbei zur Rofanspitze (2259 m).

Rund 900 Quadratkilometer groß ist das Karwendelgebirge, das im Osten durch die Achenseefurche begrenzt wird. Fjordartig durchzieht dieses Tal ein langgezogener, dunkelblauer See. Aber auch schroffe Felswände, die sich über walderfüllten Talböden erheben, verleihen dem Karwendel seine besondere Schönheit. Vielerorts prägen mächtig ausgebildete Karrenfelder die Eigenart dieses Kalksteingebirges. Hier haben sich die Regenwasser in jahrhundertelanger Arbeit tief in das Gestein gefressen, und dabei messerscharfe Kanten stehen gelassen. Die Begehung eines solchen Karrenfeldes kann für Mensch und Tier nicht ganz ungefährlich sein. Die mit so zahllosen Naturschönheiten gesegnete Region hat schon früh Besucher aus ganz Europa angelockt. Wen wundert's da noch, daß hier die erste Bergbahn Tirols geplant und gebaut wurde.

Die Konzession für eine „schmalspurige Lokomotiv-Eisenbahn" unterzeichnete 1888 Kaiser Franz Josef höchstpersönlich. Man begann sofort mit dem Bau, und stellte die 6,36 Kilometer lange Strecke in weniger als einem Jahr fertig. Die Dampf-Zahnradbahn verfügte ursprünglich über vier Schmalspur-Dampflokomotiven, die 1888/89 in Betrieb genommen wurden. Eine davon verschrottete die Gesellschaft nach dem Zweiten Weltkrieg. Die drei heute noch im Dienst stehenden Maschinen befördern jedes Jahr an die hunderttausend Personen von Jenbach im Inntal zum Achensee. Je Berg- und Talfahrt verbraucht eine Zuggarnitur 330 Kilogramm Kohle; dies ergibt je Fahrgast ein Kohleverbrauch von 2,9 Kilogramm. Eben, der Scheitel- und Ausweichbahnhof, wird nach 3,62 Kilometer Streckenlänge erreicht. Er liegt auf 970 Meter Höhe, und ist somit auch der höchstgelegene Punkt auf der Fahrt. Seit über hundert Jahren stehen die alten Dampflokomotiven während der Sommersaison täglich im Einsatz und bewältigen dabei jährlich 328 000 Höhenmeter.

Anreise

Die Schnellzugstation Jenbach liegt zwischen Innsbruck und Kufstein im Inntal. Gleich daneben befindet sich der Ausgangsbahnhof von Achensee- und Zillertalbahn.

Betriebszeiten

Die Dampf-Zahnradbahn verkehrt nur von Juni bis Oktober.

Höhenunterschied

Talstation Jenbach: 530 m
Bergstation Achensee 931 m
Höhenunterschied: 440 m bis zum Scheitelpunkt Eben

Was es zu sehen gibt

Neben einer Fahrt mit den drei, seit über hundert Jahren im Einsatz stehenden Dampfloks, gehört auch eine Schiffahrt auf dem Achensee zum Schönsten, was die Region zu bieten hat. Leider stehen die nostalgischen Dampfer nicht mehr unter Kesseldruck; längst umgestellt auf Dieselbetrieb, tukkern sie heute mehr oder weniger friedlich dahin. Regelmäßige Verbindungen bestehen zwischen Maurach, Achenkirch und Pertisau.

Hotelvorschläge

In Maurach am Achensee gibt es eine Vielzahl von komfortablen Hotels. Das Vier-Sterne-Sporthotel „Alpenrose" bietet dem Gast ein abwechslungsreiches Freizeitprogramm. Als günstiges Familienhotel empfiehlt sich die Frühstückspension Margret (64 Betten).

Karten

Kompass-Wanderkarte, 1:30 000; Blatt K 27 „Achensee-Rofangebirge".

Die Region um den Achensee eignet sich mit ihren vielen, die unterschiedlichsten Anforderungen stellenden Wanderwegen, hervorragend für ausgedehnte Spaziergänge und Bergtouren. Je nach Kondition und Laune hat man die Wahl, an einer der zahlreichen geführten Wanderungen der Verkehrsvereine teilzunehmen, oder aber auf eigene Faust loszumarschieren.
Eine sehr schöne Wanderung zur imposanten Rofanspitze (2259 m) beginnt zumeist wohl mit einer Fahrt der Rofan-Seilbahn. Diese überwindet einen Höhenunterschied von 860 Metern in nur sieben Minuten, und bringt die Besucher bequem zur 1840 Meter hoch gelegenen Bergstation. Die Erfurter Hütte gleich nebenan ist Ausgangs- und Endpunkt der Wanderung. Bereits von hier aus sind die meisten Gipfel des Rofangebirges zum Greifen nahe. Weit unten leuchtet der dunkelblaue Achensee, dahinter erhebt sich mächtig das Karwendelgebirge. Im Süden kann man den Blick über die Zillertaler Alpen und die Hohen Tauern schweifen lassen.

Von der Bergstation führt der Weg zuerst in nordöstlicher Richtung zum Mauritzalm-Hochleger und weiter, fast ebenerdig, bis zur Grubastiege, deren Felsstufen steil aufwärts führen. Wenig später passiert man die Grubalacke, und steigt in mehreren Serpentinen bis zur 2102 Meter hohen Grubascharte hinauf. Der Bergwanderer wendet sich dem Nordhang der Rofanspitze zu, ein letzter Anstieg bringt ihn schließlich auf die Höhe des Gipfels. Die gesamte Wanderung dauert nicht länger als vier bis fünf Stunden (Hin- und Rückweg).
Eine lohnenswerte Verlängerung dieser abwechslungsreichen Wanderung bietet der 2228 Meter hohe Sagzahn, der von der Rofanspitze in einer knappen halben Stunde auf kurzem, drahtseilgesichertem Steig zu erreichen ist.

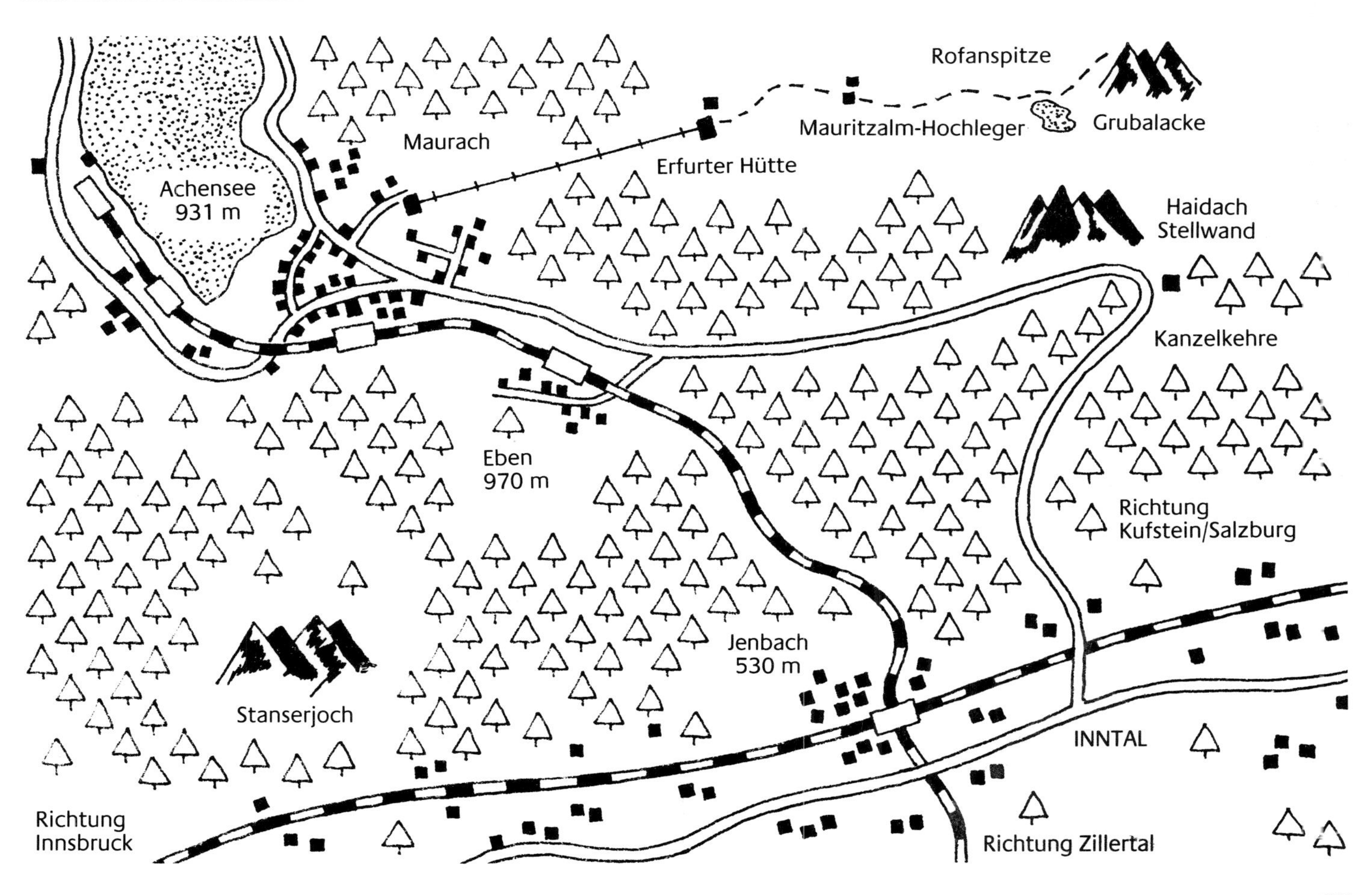

Dampfromantik am Achensee (unten). Von der Endstation Seespitz geht es weiter mit dem Dampfschiff nach Pertisau und von dort zu Fuß dem See entlang zur Gaisalm (rechts unten). Rechts oben: die Rofan-Luftseilbahn.

ROFANBAHN

Zahnradbahnen am Bodensee

RHB und RhW fahren auf die Sonnenterrassen von Heiden und Walzenhausen

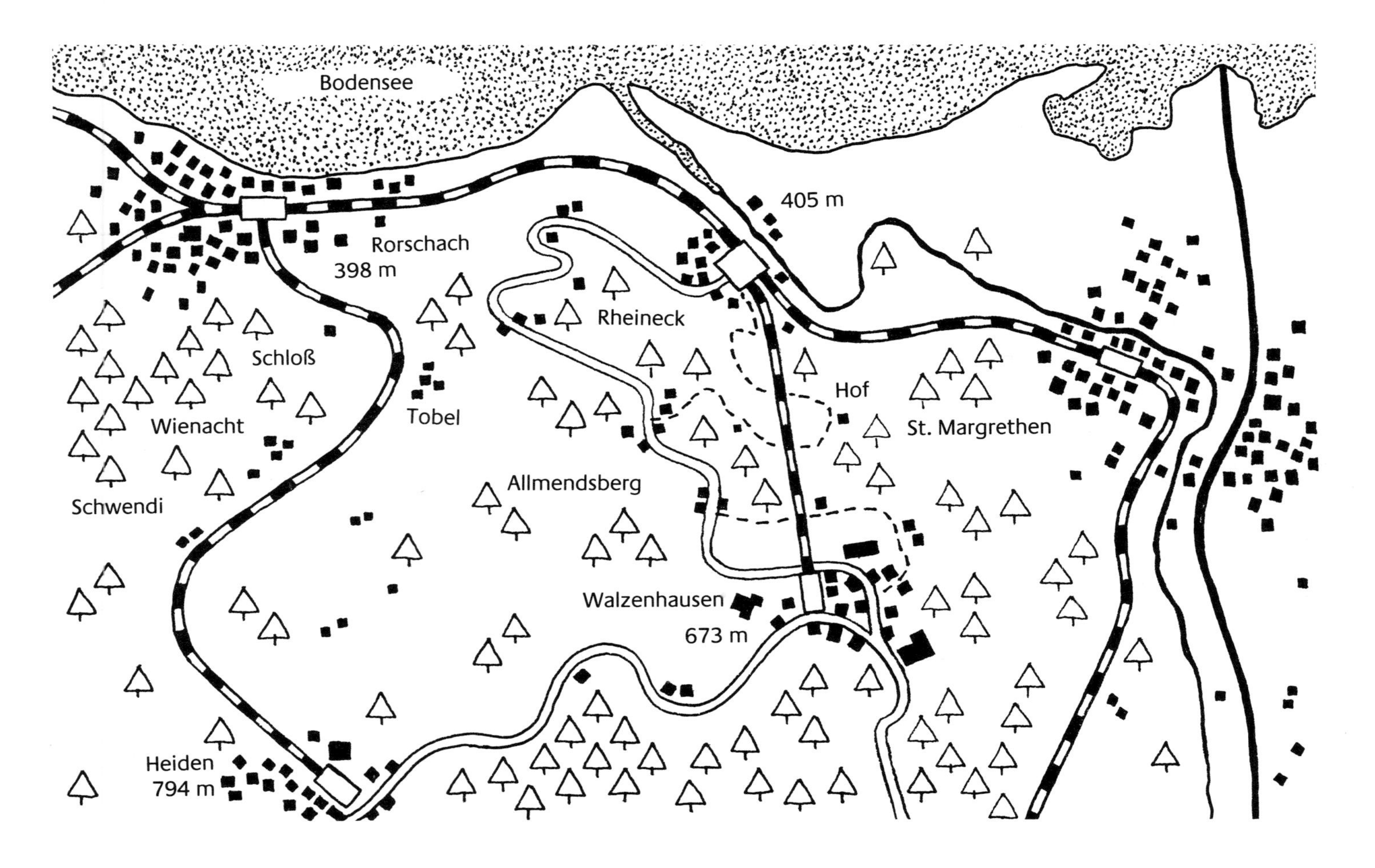

Der erste Bodensee-Besucher war ein eiskalter Bursche, er bezahlte weder die Kurtaxe noch kaufte er sich Ansichtskarten. Dafür weilte er gleich längere Zeit in der Region. Dieser frühe Gast aus den hohen Bergen Graubündens war der Rheingletscher. Das letzte Mal ließ er sich vor 10 000—80 000 Jahren blicken, als er während der Würm-Kaltzeit von den Alpen bis weit über den damals noch nicht existierenden Bodensee vorstieß. Auch eine Visitenkarte ließ dieser erste Besucher zurück. Geologen nehmen an, daß die Hügelzüge des Bodenseegebietes den vom Rheingletscher abgelagerten Schuttmassen zuzuschreiben sind. Nach wie vor bleiben jedoch viele Fragen offen. Nicht ganz eindeutig geklärt ist, wie der 539 Quadratkilometer große Bodensee entstanden ist. Ob ebenfalls die verschiedenen eiszeitlichen Gletscher die Wanne des elftgrößten europäischen Binnengewässers ausgehobelt haben?

Das Bodenseegebiet ist ein alter Kulturraum, der schon früh seine Bedeutung erlangte. Hier herrschte nicht die Not wie in den kargen Bergtälern Graubündens. Schon den Pfahlbauern mußte das milde Klima am Bodensee zugesagt haben, denn zahlreiche Pfahlbausiedlungen wurden am vielgestaltigen Ufer nachgewiesen.

Die nördlichen Ausläufer des Appenzeller Hügellandes reichen bis an den Bodensee. Auf schönster Aussichtsterrasse liegen nahe dem Dreiländereck Schweiz—Österreich—Deutschland die beiden Klimakurorte Heiden und Walzenhausen auf 600 bzw. 800 Meter Höhe. Hier oben eröffnet sich den Besuchern ein einzigartiges Panorama über dem riesigen See mit seinem Wasserinhalt von rund 50 000 Milliarden Litern.

Dieser beliebte Sonnenbalkon über dem Bodensee wurde schon früh mit einer Bahn erschlossen. Weil das Gelände sehr steil ist, sollte von Rorschach eine Zahnradbahn nach dem Vorbild der Vitznau-Rigi-Bahn die Stufen des Appenzeller Vorderlandes erklimmen. So wenigstens wollte es das Fräulein Simon, Hauptinitiantin des Projektes und Tochter des Hoteliers vom „Freienhof".
1875 eröffnet, zählt die Rorschach-Heiden-Bahn (RHB) zu den ältesten Bergbahnen Europas. Als Ehrengast wohnte der Einweihung sogar „Zahnstangen-Papst" Niklaus Riggenbach bei.
Die normalspurige Zahnradbahn ist selbst in einem so vielfältigen Bahnland wie der Schweiz eine eher ungewöhnliche Lösung. Kurz nach der Eröffnung wurde auf der — damals natürlich noch dampfbetriebenen Strecke — ein doppelstöckiger, offener Zweitklasswagen eingesetzt, der beim Publikum großen Beifall fand. Ein weiteres sonderbares Gefährt war der „Rote Pfeil". Für diesen lieferte ein Personenauto das Fahrgestell, die stromlinienförmige Karosserie bastelte die RHB-Werkstätte 1938 gleich selbst zusammen. Ein 32 PS starker Benzinmotor lieferte die Kraft, um das mit 20 Sitzplätzen ausgestattete Schienenauto fortzubewegen.
Heute präsentiert sich das Rollmaterial der RHB (nicht zu verwechseln mit der RhB = Rhätische Bahn) etwas nüchterner; Rückgrat des Personenverkehrs bilden die beiden 1953 und 1964 gelieferten Triebwagen im typischen Bahndesign der Sechzigerjahre.
Nur gerade sieben SBB-Fahrminuten von Rorschach entfernt, befindet sich der Ausgangsbahnhof einer zweiten Zahnradbahn.

Das nördlichste Dorf im Appenzeller Vorderland heißt Walzenhausen (673 m), herrlich über der weiten Fläche des Bodensees gelegen. Etwas außerhalb des Dorfes dominieren noch typische Appenzellerhäuser mit ihren schön geschmückten Blumenfenstern. Nahezu alle Appenzellerhäuser sind Vielzweckbauten: Wohnteil, Stall und Scheune wurden meist nachträglich durch einen Kreuzfirst zusammengefügt.
Ausgangspunkt für eine kurze Wanderung von Walzenhausen nach Rheineck ist natürlich die Bergstation der RhW. Über den gut ausgeschilderten Wanderweg verläßt der Spaziergänger das Dorf. Nachdem das schmale Sträßchen zunächst gegen Osten weist, führt es später in einem Halbkreis nach Westen. Wenige Meter unterhalb des Dorfes wird zum ersten Mal die steile Trasse der Zahnradbahn unterquert. Zwischen Sägentobel und Allmendsberg wandert man ein kurzes Stück auf der wenig befahrenen Landstraße. Weiter geht es wieder in östlicher Richtung zum Wiberg. Zwischen Obstbäumen, saftigen Wiesen, Äckern und kleinen Waldstücken bieten sich traumhafte Fotostandpunkte. Wer etwas Geduld mitbringt, kann auf dieser Wanderung den auf und ab eilenden Zug immer wieder auf den Film bannen. Kurz nach Hof unterquert der Weg zum dritten Mal die Trasse des kleinen roten Bähnchens; Marschiert wird durch dichten Laubmischwald hinunter nach Rheineck. Ein letztes Mal gelingt es vielleicht, die Zahnradbahn kurz vor ihrer Ankunft im Bahnhof Rheineck zu fotografieren. Dort fährt sie auf ihren letzten Metern durch schöne Obstgärten. Dauer der Wanderung: ca. eineinhalb Stunden.

Mit zwei wenig bekannten Zahnradbahnen erreichen Ausflügler und Wanderer die Höhen entlang des oberen Bodensees. Zwischen Rheineck und Walzenhausen (Bilder oben) verkehrt nur ein einziger kleiner Triebwagen.

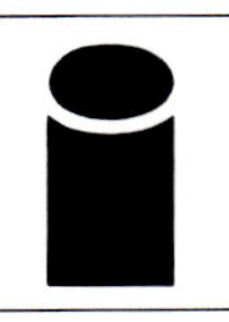

Anreise

Mit den SBB erreicht man von Zürich oder St. Gallen aus zunächst Rorschach (Zahnradbahn nach Heiden) und wenige Minuten später Rheineck (Zahnradbahn nach Walzenhausen).

Betriebszeiten

Beide Zahnradbahnen verkehren ganzjährig.

Höhenunterschied

Talstation Rorschach: 398 m
Bergstation Heiden: 794 m
Höhenunterschied RHB: 396 m
Talstation Rheineck: 405 m
Bergstation Walzenhausen: 673 m
Höhenunterschied RhW: 268 m

Was es zu sehen gibt

Für einmal windet sich kein Zug auf kühner Trasse in schwindelerregende Höhen hinauf. Beide Zahnradbahnen erklimmen mit Hilfe des Zahnstangenantriebs lediglich die milden Höhen am Bodensee. Liegt nicht gerade Dunst über dem riesigen Binnengewässer, schweift der Blick weit über den See hinaus ins benachbarte Deutschland. Wie Spielzeugschiffe tanzen die kleinen Segelboote auf der dunkelblauen Wasserfläche.

Hotelvorschläge

Von Friedrichshafen bis Bregenz: So präsentiert sich das grandiose Bodensee-Panorama vom Kurhotel Heiden aus. Nebst einem 33 Grad warmen Medizinal-Hallenbad wird auch ärztliche Betreuung geboten. Einfache Gasthöfe findet man in Heiden und Walzenhausen.

Karten

Landeskarte der Schweiz, 1:25 000; Blätter 1075 „Rorschach“ und 1076 „St. Margrethen“.

Sie verbindet Rheineck mit dem rund 300 Meter höher gelegenen Walzenhausen. Ursprünglich war das gar keine Zahnradbahn. Schon ein Blick auf die Karte führt vor Augen, daß über die schnurgerade Trasse einst eine Standseilbahn holperte.
1958 wurde die veraltete Anlage vollständig umgebaut. Erhalten blieb nur das 1200 Millimeter breite Gleis. Führte vorher noch eine Trambahn die wenigen hundert Meter von der Talstation der Standseilbahn zum Bahnhof der SBB, so wurden mit dem Umbau die beiden Strecken zusammengeschlossen. Seither verkehrt zwischen Rheineck und Walzenhausen ein winziges Bähnchen.
Dank einer Zahnstange, System Riggenbach, bewältigt der Triebwagen auf seiner gerade 1,9 Kilometer langen Reise eine Steigung von 252 Promille. Ein zweites Fahrzeug besitzt die Bergbahn Rheineck-Walzenhausen (RhW) nicht.

Rigi

Der Ingenieur Niklaus Riggenbach baut die erste Bergbahn Europas

Fährt man zum ersten Mal in das Gebiet um den Vierwaldstättersee, so fühlt man sich an die Fjorde Norwegens versetzt. Nicht so recht in dieses Erscheinungsbild paßt allerdings das sommerlich milde Klima und die vielerorts mit Feigen- und Kastanienbäumen geschmückten Ufer. Dabei werden doch schon eher Erinnerungen an den Kanton Tessin oder gar an Italien wach.

Und trotzdem befinden wir uns im Kerngebiet der Eidgenossenschaft, wurde doch hier — auf der Wiese des Rütli — 1291 der historische Bund des Schweizervolkes besiegelt.

Der See, von der Reuss gespeist, wurde nach den vier „Waldstätten" Uri, Schwyz, Unterwalden und Luzern benannt. Diese hatten zur Entstehung der Eidgenossenschaft wesentlich beigetragen. Eine vielgestaltige Landschaft zwischen voralpiner und hochalpiner Region umgibt das Binnengewässer mit seinen vielen Buchten und Wasserarmen. Schon von weitem fällt der Blick unweigerlich auf die Rigi (1797 m), diesen letzten Ausläufer der Zentralschweizer Alpen. An seine nordwestlichen Flanken stößt bei Küßnacht bereits das Schweizer Mittelland, das in den kalten Herbstmonaten oft von einer dichten Nebeldecke überzogen ist. Auch die Stadt Luzern, der Vierwaldstättersee und alle umliegenden Orte versinken wochenlang im Grau der Wintervorboten. Kalt und naß ist es unter dieser Nebeldecke — dunkel auch, und so verkehren alle Fahrzeuge in dieser Zeit nur mit Licht. Privilegiert ist, wer ein Chalet auf Rigi-Kaltbad besitzt und während der düsteren Herbst- und Wintermonate ab und zu dem Alltag dorthin entfliehen kann. Auf 1438 Meter

Die Rigi (1797 m) genießt seit dem 18. Jahrhundert internationalen Ruf, hauptsächlich wegen ihrer einzigartigen Lage und landschaftlichen Schönheit. Vor der Eröffnung der Vitznau-Rigi-Bahn (1871) war der Gipfel natürlich nur zu Fuß zu erreichen — Wohlhabende ausgenommen, die sich in Sänften auf den Berg schleppen ließen. Von Weggis führt noch heute der damals vielbegangene Saumpfad über Romiti nach Rigi-Kaltbad. Hierher pilgerten schon früh Kurgäste aus aller Welt, die sich von einer 5 Grad warmen Felsenquelle Linderung ihrer Leiden erhofften.

Wer heute nicht den ganzen Weg von Weggis bis zum Rigi-Kulm (ca. 4 Stunden) abwandern will, fährt mit der Zahnradbahn bis Rigi-Kaltbad (1438 m). Der Luft- und Wolkenkurort, wie er früher hieß, blieb nicht von einem ordentlichen Bauboom verschont. An die Flanken des Rotstocks dukken sich zahllose Holzchalets, Hotels und Appartementhäuser. Ein breiter Alpweg, von dem sich ein herrliches Panorama über den Vierwaldstättersee bietet, schlängelt sich durch lichten Bergwald zum Chänzeli. Hier lädt eine Feuerstelle vor der Kulisse der Innerschweizer Bergwelt zum Grillen ein. Nach der Mittagspause geht's weiter über den Grat zur Seebodenalp. Auf Rigi-Staffel (1603 m) treffen die Gleise der beiden Zahnradbahngesellschaften zusammen, die von Vitznau und Arth-Goldau auf die Rigi führen. Bis zum Bergrestaurant Rigi-Kulm und dem nur wenige Meter darüberliegenden Gipfel ist es von hier aus nicht mehr weit. Für den Anstieg werden ab Rigi-Kaltbad ungefähr zweieinhalb Stunden benötigt.

Höhe ist es nämlich überhaupt nicht dunkel, denn die Rigi ragt wie eine Insel aus dem Nebelmeer. Was für ein Bild: Feriengäste räkeln sich auf den besonnten Holzbalkonen — und kalt wird es erst abends, wenn die Sonne im Westen untergeht.

Kein Wunder also, daß man seit dem 17. Jahrhundert von der Rigi auch als von der „regina montium", der Königin der Berge, spricht.

Der Berg hat zwar kaum eine so edle Form wie etwa das Matterhorn, sein Gipfel erreicht nicht einmal die Zweitausender-Marke, und im bergsteigerischen Sinn hat die Rigi überhaupt nichts zu bieten — dennoch verlieh man ihr ein so stolzes Prädikat. Der Schriftsteller Heinrich Zschokke erläuterte 1836: „Die Lage ist es, welcher die Rigi einen Ruhm verdankt, den ihr kein Nebenbuhler unter den europäischen Bergen mehr streitig macht." In der Tat ist die Rigi, heute wie einst, der meistbesuchte Aussichtsberg der Schweiz. An schönen Tagen hat man eine Rundsicht, die schon so prominente Dichter und Musiker wie Johann Wolfgang von Goethe, Mark Twain oder Felix Mendelssohn beeindruckte. Da ragen im Südwesten die Gipfel des Aar- und Gotthardmassivs auf, im Südosten grüßen Tödi und Glärnisch. Selbst den Jura überblickt man bis weit nach Frankreich hinein. Markantes Gegenüber: der klotzige Pilatus, Hausberg der Luzerner und ernsthaftester Konkurrent der Rigi. Als Wanderberg ist die Rigi ihrem westlichen Nachbarn jedoch eine Nasenlänge voraus. Ihre fünf Gipfel: Kulm (1797 m), Schild (1548 m), Dossen (1685 m), Scheidegg (1662 m) sowie Hochflue (1699 m) sind alle auf bequemen Wegen gefahrlos zu erreichen. Auch die Zahnradbahn der Rigi ist um einiges älter; sie wurde als erste Bergbahn Europas am 21. Mai 1871 eröffnet.

Der innovative Ingenieur war aber auch ein Tourismuspionier, denn sein Werk verlieh der Schweiz kräftige Fremdenverkehrsimpulse. Aus

Anreise

Nach Vitznau, der Talstation der Vitznau-Rigi-Bahn, gelangt man von Luzern aus mit einem der fünf nostalgischen Dampfschiffe.

Betriebszeiten

Vitznau-Rigi-Bahn und Arth-Rigi-Bahn verkehren ganzjährig.

Höhenunterschied

Talstation Vitznau: 435 m
Talstation Arth-Goldau: 510 m
Bergstation Rigi-Kulm: 1752 m
Höhenunterschied VRB: 1317 m
Höhenunterschied ARB: 1242 m

Was es zu sehen gibt

Nahe der Station Romiti (Vitznau-Rigi-Bahn) schufen Naturgewalten ein sehenswertes Naturdenkmal: das Felsentor. Gewaltige Sturzblöcke aus Nagelfluhgestein, welche ein früherer Bergsturz die Rigiflanken hinunterpoltern ließ, türmten und verkeilten sich derart auf- und ineinander, daß auf diese Weise ein natürlicher Durchgang entstand. Einst das meistbesuchte Naturdenkmal der Innerschweiz, geriet es leider nach der Eröffnung der Vitznau-Rigi-Bahn etwas in Vergessenheit. Seine Wiederentdeckung lohnt sich!

Hotelvorschläge

Das autofreie Erholungsgebiet Rigi-Kaltbad liegt auf 1438 Meter Höhe. Die moderne Luxusherberge „Hostellerie Rigi" steht an bevorzugter Aussichtslage gleich gegenüber dem Bahnhof. Der Ort bietet aber auch fünf weitere, zum Teil einfache, Hotels.

Karten

Landeskarte der Schweiz, 1:25 000; Blatt 1151 „Rigi".

aller Welt strömten neue Gäste in die Innerschweiz, um dieses kolossale Bauwerk zu bewundern. Auch weckte Riggenbach den Eifer anderer Ingenieure, weitere Zahnradbahnen im In- und Ausland zu projektieren. Konkurrenz erwuchs für die neue Rigibahn-Gesellschaft nicht nur vom Pilatus, wo 1889 der erste Dampfzug zum Gipfel fuhr. Wenige Jahre nach der Eröffnung der Vitznau-Rigi-Bahn (VRB) begann man in Arth-Goldau auf der gegenüberlie-

Gleich zwei Zahnradbahnen führen auf die zentralschweizer Rigi (1797 m). Auf dem letzten Streckenabschnitt laufen die Gleise parallel zueinander. Wanderer genießen die Aussicht auf herrlich angelegten Wegen.

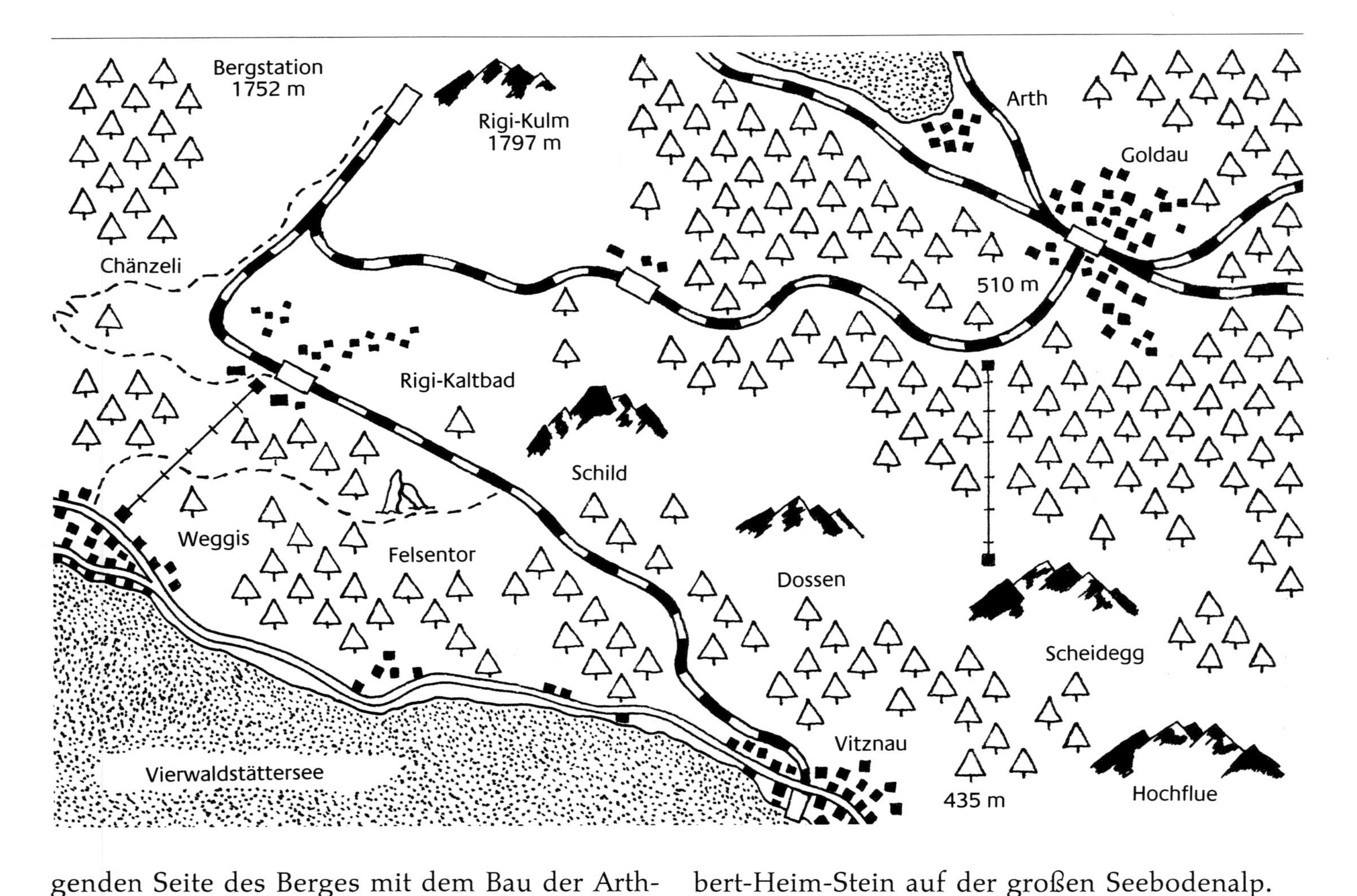

genden Seite des Berges mit dem Bau der Arth-Rigi-Bahn (ARB). Bereits 1875 eröffnet, erschloß sie von Osten her die Königin der Berge. Altem Schweizer „Kantönligeist" ist es zuzuschreiben, daß die Vitznau-Rigi-Bahn nur eine Konzession bis zur Kantonsgrenze bei Rigi-Staffelhöhe erhielt, und für die restliche, 1873 eröffnete Strekke bis Rigi-Kulm, über ein Jahrhundert lang der Rivalin im Schwyzer Arth-Goldau einen stattlichen Pachtzins abliefern mußte. Seit 1875 führen also ab Rigi-Staffel zwei parallel zueinander verlegte Gleise zum begehrten Ausflugsziel Rigi-Kulm. Zwei Weichen ermöglichen seit dem 12. Juli 1990, daß aus den ehemaligen Konkurrenten jetzt Partner geworden sind. Seither gilt gemeinsames Marketing, auch der Bahndienst wird nur noch von einem Mann geleitet. Der alte Zopf ist endlich abgeschnitten, und man munkelt in den Dörfern Vitznau und Arth-Goldau bereits von Fusion.

Sehenswert sind auf der Rigi aber nicht nur die beiden Zahnradbahnen, sondern ebensosehr die geologischen Verhältnisse. Allgemeines Interesse wecken vor allem das Felsentor und der Albert-Heim-Stein auf der großen Seebodenalp. Das Felsentor liegt am alten Rigi-Saumweg, über den schon Mark Twain und andere die Rigi von Weggis am Vierwaldstättersee erstiegen haben. Entstanden ist das beachtliche Naturdenkmal nach einem gewaltigen Bergsturz. Der Weg führt jetzt durch einen natürlichen Tunnel unter den Gesteinsbrocken hindurch. Noch heute ist das Gebiet an der Rigi-Südflanke nicht ganz zum Stillstand gekommen. Schiefgestellte Bäume und frische Anrisse beim Felsentor lassen einen neuen Erdrutsch oder gar Bergsturz befürchten.

Nicht durch einen Bergsturz, sondern von den Gletschern wurde ein, mehrere Kubikmeter umfassender Granitblock, auf die Seebodenalp verfrachtet. Zum Andenken an den großen Zürcher Geologen Albert Heim (1849—1937) trägt er den Sinnspruch: „Am Gotthard verladen, vom Gletscher gebracht, halt' über dem grünenden Lande ich hier Wacht". Solche Findlinge sind „Visitenkarten" der letzten Eiszeit. Sie wurden vor über 10 000 Jahren von den einst mächtigen Gletschern überall im Land deponiert.

Pilatus

Vom unseligen Pontius Pilatus zur steilsten Zahnradbahn der Welt

Luzern wird jährlich von zahllosen Touristen aus dem In- und Ausland besucht. Malerisch am Ufer des Vierwaldstättersees gelegen, bietet die Stadt alles, was der Besucher von einem Schweizer Ferienort erwartet: In der gepflegten Altstadt herrscht ein geschäftiges Treiben, am Ufer des Sees lädt eine nostalgische Dampfschifflotte zu unvergeßlichen Rundfahrten ein, und schließlich fällt der Blick auch immer wieder auf den markanten Luzerner Hausberg — den Pilatus (2128 m).

Nicht immer sahen die Luzerner so sorglos zu ihrem gezackten Wächter hinauf. Bergeshöhen jagten in früheren Jahrhunderten der Bevölkerung Angst und Schrecken ein, wurden doch allerlei böse Geister und Dämonen in den zerklüfteten Felsen vermutet. Besonders der Pilatus war gefürchtet. Wie eine alte Sage berichtet, hat man die Leiche des berühmten römischen Stadthalters Pontius Pilatus, des Richters Christi, in einem abgelegenen Bergtal am Luzerner Hausberg verscharrt. Seither trieb der Geist des Verdammten sein Unwesen und ließ schwere Gewitter über den Berg und die umliegenden Orte niedergehen. Aus Gründen der Sicherheit — der Rat von Luzern wollte den Geist nicht unnötig herausfordern — war das Betreten des Pilatus und der Oberalp bei schwerer Strafe verboten. Erst aufgeklärte Naturwissenschaftler des 16. und 17. Jahrhunderts brachten die Abkehr vom Aberglauben. Seit dem 4. Juni 1889 führt sogar die steilste Zahnradbahn der Welt auf den 2128 Meter hohen Berg. Die Ingenieure der Bahn bezwangen allerdings nicht den ruhelosen Geist des Pontius Pilatus, sondern eine Steigung bis zu 48 Prozent. Als 1871 die erste Schweizer Zahnradbahn auf die Rigi gebaut wurde, blickten einige Luzerner neidisch auf den florierenden Betrieb am gegenüberliegenden Seeufer. In der Folge beschlossen sie, auch den Pilatus mit einer Zahnradbahn zu erschließen.

Anreise
Die Talstation der Zahnradbahn befindet sich in Alpnachstad. Sie ist von Luzern aus mit der Bahn oder mit den Schiffen der nostalgischen Dampfschifflotte zu erreichen.

Betriebszeiten
Die Zahnradbahn verkehrt jeweils von Mitte Mai bis November.

Höhenunterschied
Talstation Alpnachstad: 440 m
Bergstation Pilatus-Kulm: 2063 m
Höhenunterschied: 1623 m

Was es zu sehen gibt
Neben der gefahrlosen Besteigung des Esels und des Oberhaupts (2106 m) zählt auch der Galerie-Rundgang zu den Attraktionen eines Pilatus-Besuches. Dieser abenteuerliche Weg führt durch zahlreiche Tunnels entlang der senkrecht abfallenden Oberhaupt-Wand. Besonders lohnend: der faszinierende Tiefblick auf die Stadt Luzern. Jeweils im Oktober winkt allen Besucherinnen und Besuchern eine herbstlich klare Fernsicht.

Hotelvorschläge
Wer gerne den atemberaubend schönen Sonnenuntergang oder Sonnenaufgang auf dem Pilatus erleben möchte, hat die Gelegenheit, in den beiden Hotels „Bellevue" und „Pilatus-Kulm" zu übernachten. In der Stadt Luzern gibt es ein großes Angebot von Hotels in allen Preisklassen. Die moderne Jugendherberge befindet sich an der Sedelstraße 12, in der Nähe des Rotsees.

Karten
Landeskarte der Schweiz, 1:25 000; Blatt 1170 „Alpnach".

Ein eigentlicher Pilatus-Gipfel existiert nicht. Das Massiv wird durch die vier Bergspitzen Esel, Oberhaupt, Tomlishorn und Matthorn geprägt. Entlang der Felswand des Esels: die Trasse der Pilatusbahn.

Seit dem Bau von Zahnrad- und Luftseilbahn ist es leicht, den Pilatus mit Hilfe eines modernen Verkehrsmittels zu erklimmen. Viele tausend Besucher zeugen jährlich von der großen Beliebtheit des einst sagenumwobenen Berges. Als im Sommer 1858 die erste Wirtschaft eröffnet wurde, mußten die Bergfreunde noch einen mehrstündigen Aufstieg in Kauf nehmen. Von der heutigen Bergstation der Pilatusbahn (seit 1963 steht auf dem Pilatus-Kulm ein modernes Mittelklasse-Hotel) bestehen zahlreiche Möglichkeiten zu kurzen und ausgedehnten Wanderungen. In nur 20 Minuten wird der höchste Punkt des Pilatus, das 2128 Meter hochgelegene Tomlishorn erreicht. In fünf Minuten steigt man auf den Gipfel mit dem sonderbaren Namen Esel (2119 m). Von hier aus bietet sich nach allen Seiten eine wunderbare Aussicht. Gute 4 Stunden dauert die Wanderung zur Talstation der Zahnradbahn. Der Weg ist steil, und nur berggewohnte Wanderer sollten sich auf diesen Abstieg begeben, gilt es doch auf dieser klassischen, ungefährlichen Route 1623 Meter Höhenunterschied zu überwinden. Wer weiche Knie bekommt, muß durchhalten: Die Ausweichstation Ämsigen der Pilatusbahn dient leider nicht als Einsteigebahnhof, dort werden nur in Notfällen Fahrgäste aufgenommen. Für die Mühen entschädigt eine vielfältige, reizvolle Alpenflora. Sämtliche Pflanzen stehen unter Schutz und dürfen weder beschädigt noch gepflückt werden. Auf dem Weg nach Alpnachstad tangiert der Wanderweg mehrmals die Trasse der Pilatusbahn. Unterhalb Ämsigen (1359 m) taucht der Berggänger in dichten Laub- und Tannenwald. Dazwischen erhascht er immer wieder einen Blick auf den tiefblauen Alpnachersee, einen Seitenarm des Vierwaldstättersees.

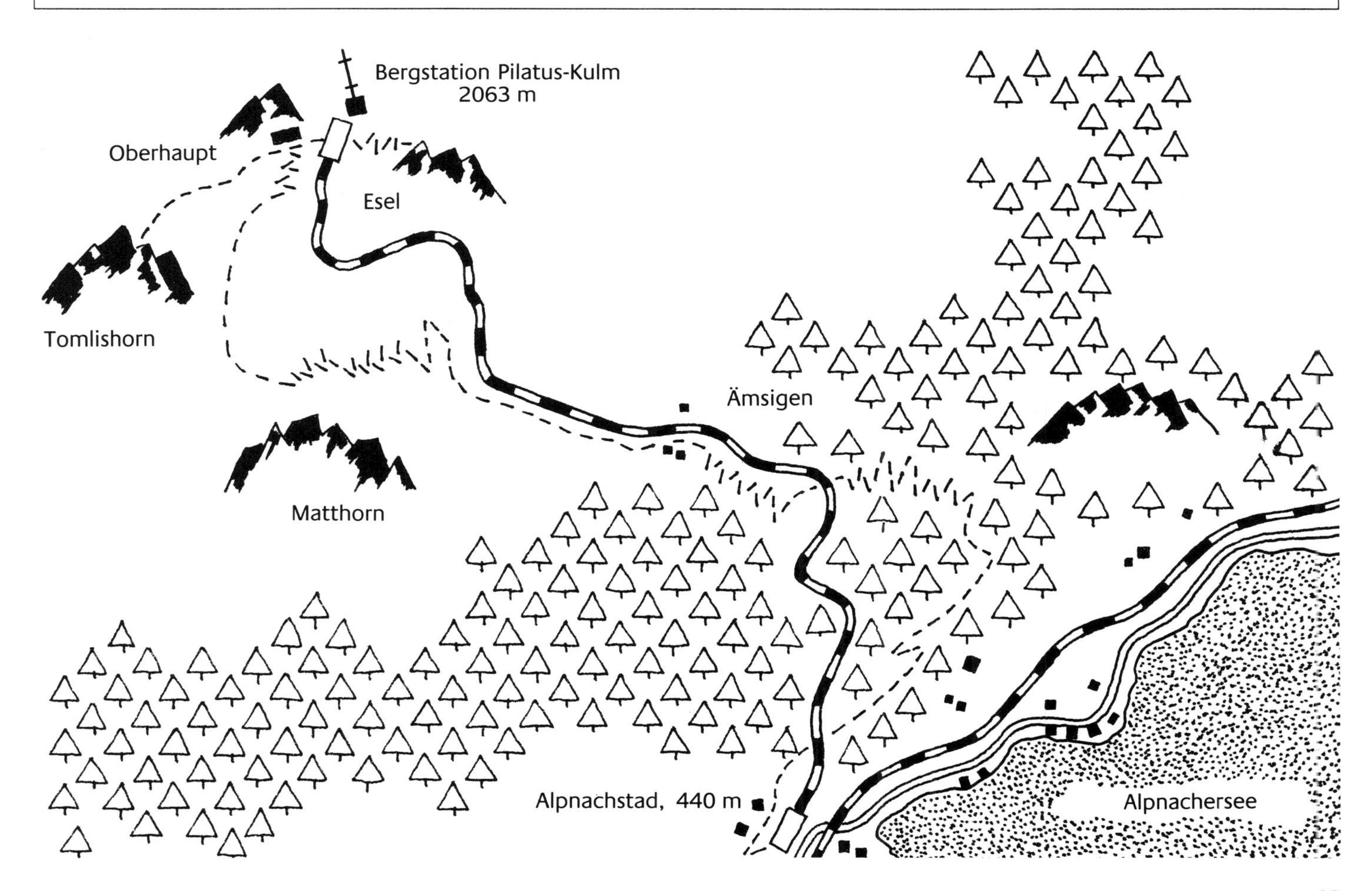

Mit 48 Prozent Steigung gilt die Pilatusbahn als steilste Zahnradbahn der Welt. Die größte Neigung erlebt der Reisende auf der spektakulären Fahrt entlang der Esel-Felswand. Großes Bild: das Gipfel-Panorama vom Esel.

Die Konstrukteure hatten eine gewaltige Aufgabe zu lösen. Die Strecke mußte steiler sein und engere Kurven aufweisen, als jede zuvor gebaute Bergbahn. Nach etlichen Vorschlägen setzte sich das Projekt des Zürcher Ingenieurs Eduard Locher durch. Er entwickelte auch gleich sein eigenes Zahnstangensystem mit horizontal eingefrästen Zahnreihen dazu.

Schon lange bevor der erste Zug den Pilatus erreichte, bestiegen berühmte Persönlichkeiten — darunter Künstler, Naturwissenschaftler und Adlige — den Berg. Zwischen 1852 und 1870 fand der Komponist Richard Wagner Ruhe und Erholung in der Abgeschiedenheit der Gebirgswelt. Nach einer seiner zahlreichen Wanderungen, schrieb er seinem Schwiegervater Franz Liszt begeistert, daß er in dieser Landschaft einsam und glücklich seinen Gedanken nachgehen könne. In den gleichen Jahren stieg auch die englische Königin Viktoria samt Gefolge auf den Luzerner Hausberg und verbrachte dort im einfachen Gasthaus gleich mehrere zufriedene Tage.

Monte Generoso

Eine Hundertjährige mit unheimlich starken Zähnen

„Il Ceresio", den Gehörnten, nennen viele Einheimische den Luganersee. Das Gewässer mit seinen zahlreichen Armen und Buchten stiftet bei manchen Touristen etwas Verwirrung. Fragen tauchen auf, wie: Welche Ufer gehören nun genau zur Schweiz und welche zu Italien, wo befinden sich eigentlich Zu- und Abfluß? Einige Besucher haben sogar das Gefühl, es handle sich um mehrere Seen.

Beide Fragen sind rasch beantwortet. Drei Teile des Sees gehören zu Italien, nämlich der nordwestliche Porlezza-Arm, die italienische Exklave Campione sowie das südwestliche Ufer zwischen Ponte Tresa und Porto Ceresio. Gespeist wird der Luganersee hauptsächlich von den Wassern der Vedeggio, die bei Agno in den See mündet. Kurioserweise befindet sich der Abfluß nur wenige Kilometer vom Zufluß entfernt. In der kreisrunden Bucht von Ponte Tresa sendet der Luganersee sein Wasser durch das Tal der Tresa zum größeren Lago Maggiore. In das übrige Becken mit seinen Buchten und Zipfeln fließen etliche größere und kleinere Bäche aus dem bewaldeten Hinterland.

Wie ist aber nun dieser bizarr geformte See entstanden? Glaziologen (Gletscherforscher) führen die Gestalt des „Ceresio" auf die Arbeit der Gletscher zurück. Eine allgemeine Klimaverschlechterung bewirkte vor rund 2 Millionen Jahren den Beginn des Eiszeitalters. In diesem riesigen erdgeschichtlichen Zeitraum flossen mehrmals gewaltige Gletscher vom Gotthard bis weit nach Italien hinein. Erst vor 10 000 Jahren, als die Gletscher der Würm-Kaltzeit abschmolzen und sich in die Berge zurückzogen, ging die letzte Kälteperiode zu Ende. Viele Glaziologen stellen sogar die These auf, wir befänden uns heute in einer zwischeneiszeitlichen Periode, folgten doch schon mehrmals auf einen Kälteschub relative Warmzeiten. Stecken wir also noch immer mittendrin im großen Eiszeitalter?

Am heutigen Luganersee sah die Situation vor etwa 50 000 Jahren folgendermaßen aus: Zwei gewaltige Gletscher flossen vom Gotthard und aus dem Maggiatal über den Monte Ceneri. Aus den Bergeller und Splügener Bergen schob sich ebenfalls ein riesiger Eisstrom südwärts. Beide Gletscher vereinigten sich im Gebiet um Lugano und bildeten einen 1000 Meter dicken Panzer. Aus dieser Eiswüste ragte schon damals der Gipfel des Monte Generoso (1701 m) empor. Als die Gletscher zu schmelzen begannen, stauten sich an ihren vorgelagerten Endmoränen mächtige Schmelzfluten auf — der vielgestaltige „Ceresio" konnte entstehen. Heute denkt kaum mehr jemand daran, daß diese subtropisch wirkende Landschaft mit ihrem milden mediterranen Klima einst von Gletschern und Kälte beherrscht wurde. Eine üppige Flora mit Palmen und Orchideen breitet sich heute um den Luganersee aus. Im Gegensatz zu Locarno hat Lugano viel von seinem einstigen Charme verloren. In den letzten fünfzig Jahren schossen zu viele Mietskasernen in die Höhe und betonierten die reizende Bucht zwischen Monte Bré und San Salvatore zu. Der jährliche Touristenrummel in der „Sonnenstube der Schweiz" ergießt sich aber auch in die kleinen Uferdörfer Morcote und Gandria. In den Lauben, wo früher die Frauen Fischernetze zum Trocknen aufhängten, bieten heute Andenkenhändler ihre Waren feil. Der „Ceresio" sendet auch einen Arm nach Südosten in das etwas verschlafen wirkende Riva San Vitale. Doch auch hier braust bereits am gegenüberliegenden Ufer die große weite Welt vorbei. Autobahn und Bahnstrecke bilden das Rückgrat des Nord-Süd-Verkehrs.

Nie hält ein Intercity oder Eurocity im kleinen Bahnhöfchen von Capolago-Riva San Vitale; dabei würde sich eine Reiseunterbrechung durchaus lohnen. Direkt neben dem Bahnhof fahren die blau-orangen Doppeltriebwagen einer Zahnradbahn ab. Sie überwinden 1328 Höhenmeter und erschließen den letzten südlichen Eckpfei-

Anreise

Der Bahnhof von Capolago-Riva San Vitale befindet sich auf der wichtigen Verkehrsachse Luzern—Gotthard—Chiasso. Jede Stunde hält in Capolago ein Regionalzug aus Lugano.

Betriebszeiten

Die Zahnradbahn ist von Anfang April bis Ende Oktober in Betrieb. Bei schönem Wetter kann sie 1—2 Wochen länger verkehren.

Höhenunterschied

Talstation Capolago: 274 m
Bergstation Monte Generoso: 1602 m
Höhenunterschied: 1328 m

Was es zu sehen gibt

Der Grenzberg zu Italien vermittelt seinen Besucherinnen und Besuchern das wohl großartigste Panorama im Südtessin. Bei guter Fernsicht präsentiert sich die halbe Alpenkette, vom Montblanc bis zum Piz Bernina. Mit einem guten Fernglas fängt man sogar die Spitze des Mailänder Doms ein. Die benachbarten unbewaldeten Hügelzüge in Italien erinnern an das schottische Hochland.

Hotelvorschläge

Das verschlafene Dörfchen Capolago und sein Nachbarort Riva San Vitale laden mit eher einfachen Gasthäusern nur mäßig zum Übernachten ein. Ein einfaches Berghaus (Zimmer ohne Bad/WC sowie Touristenlager) steht auch auf dem Monte Generoso. Komfortable Hotels findet der Gast in Lugano.

Karten

Landeskarte der Schweiz, 1:25 000; Blätter 1353 „Lugano" und 1373 „Mendrisio".

ler der Alpen per Bahn. Wer in das moderne Bähnchen steigt und sich die 35 Minuten dauernde Fahrt auf den Monte Generoso gönnt, wird schon bald von der Vielgestaltigkeit der Landschaft überrascht. Hat man erst einmal das Häuser- und Verkehrsgewühl des Mendrisottos (den südlichsten Teil der Schweiz) hinter sich, fährt der Zug durch dichten Kastanienwald. Nachdem die Monte-Generoso-Bahn (MG) die Baumgrenze überwunden hat, stellen die Fahrgäste fest, daß sie in wenigen Minuten von den palmengesäumten Ufern Capolagos in eine voralpin anmutende Gebirgslandschaft mit Föhren und Lärchen gelangt sind. Steigen sie dann bei der Bergstation aus, fehlen noch 99 Meter bis zum Gipfel. Diese werden auf Schusters Rappen zurückgelegt. Ein Felsenweg steigt auf Schweizer Gebiet zur Spitze des Monte Generoso empor. Die Zahnradbahn durfte 1990 ihr hundertjähriges Bestehen feiern. Jules Kyburz, Präsident der Verwaltungsdelegation des Migros-Genossenschaftsbundes schrieb dazu: „Im Gegensatz zu anderen Hundertjährigen, verfügt sie über unheimlich starke Zähne, bewegt sich auf einem festen Unterbau und hat Räder".

Damit ist es bereits verraten: Das hundertjährige Bähnchen gehört der Migros, dem größten schweizerischen Detailhandelsunternehmen.

Auf die Idee, eine Bahn zum Gipfel des Monte Generoso zu bauen, kam 1886 ein gewisser Dr. Paste. Weshalb sollte man nicht so etwas wie eine Rigi im Tessin schaffen? Das Beispiel aus der Zentralschweiz bewies doch, daß damit auch ordentlich Geld verdient werden konnte. Die Hoffnung der Initianten nach erklecklichen Betriebsgewinnen wurde jedoch schon in den ersten Monaten bitter enttäuscht. Drei Jahre nach der ersten Fahrt verfügte das Bundesgericht bereits die Liquidation. Als auch die neue Gesellschaft nach der Versteigerung platzte — eine Bank erlitt dabei sogar Konkurs — übernahm 1916 ein italienischer Fabrikant das Zepter am

Die Migros, größtes schweizerisches Detailhandelsunternehmen und Besitzerin der Generoso-Bahn, hat viel für die Attraktivität dieses Ausflugsziels beigetragen. Sehenswert: Blühender Ginster und die Gipfelrundsicht.

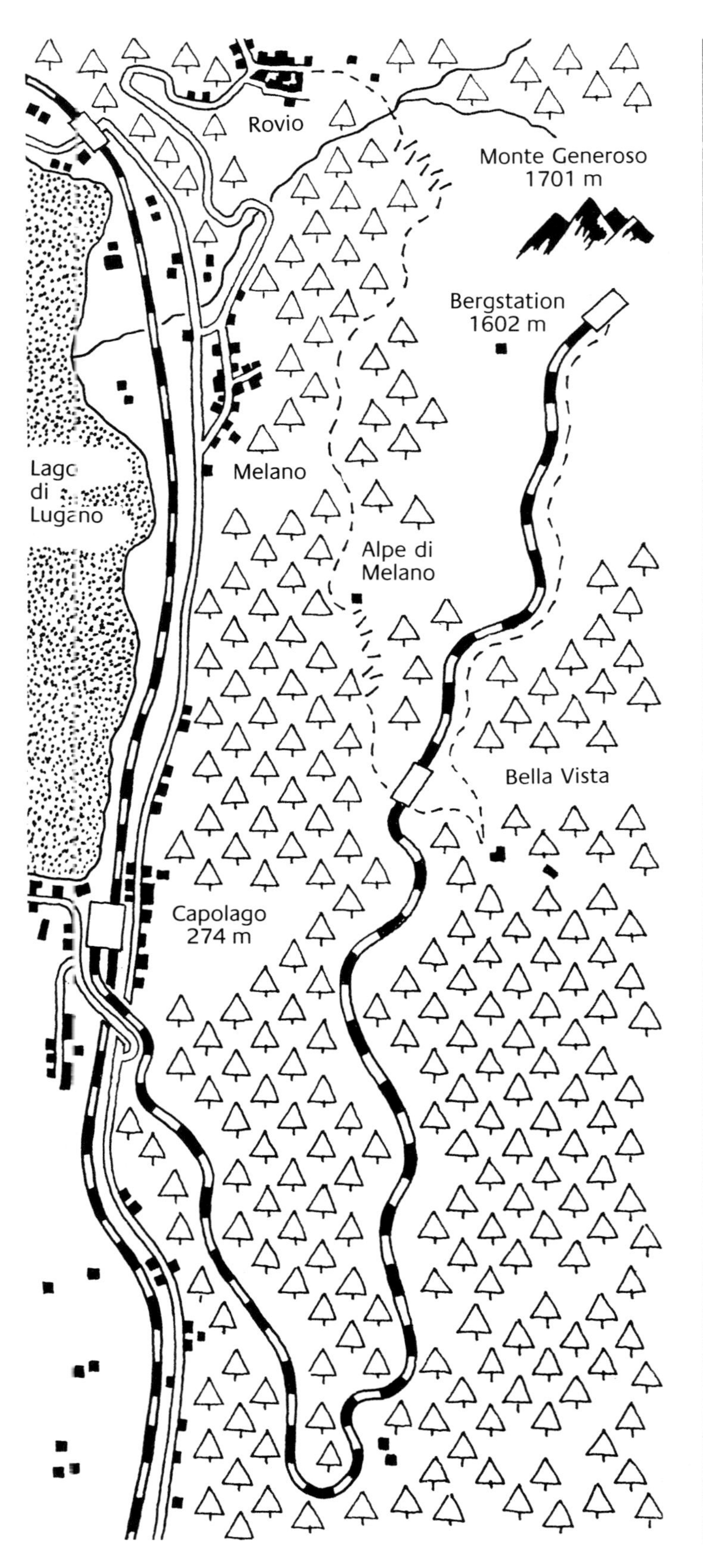
Rovio
Monte Generoso
1701 m
Bergstation
1602 m
Melano
Lago
di
Lugano
Alpe di
Melano
Bella Vista
Capolago
274 m

Seiten 56/57 und 58: Schwindelfreie bitte einsteigen! Die Trasse schlängelt sich stellenweise dem Fels entlang und fällt auf der Talseite senkrecht in die Tiefe. Elektrifiziert wurde die Bahn übrigens erst im Jahre 1982.

Die modernen orange-blauen Bähnchen überwinden zwischen Capolago am Luganersee und dem Monte Generoso 1328 Meter Höhenunterschied (unten). Von der Bergstation ist es bis zum Gipfel nicht mehr weit.

Für eine Bergwanderung auf den Monte Generoso (1701 m) wählt man am besten den Herbst. In dieser Jahreszeit steigen die Temperaturen nicht mehr so stark an, und außerdem verfärben sich die Kastanienwälder leuchtend rot und gelb. Auf einer mit Reben bewachsenen Sonnenterrasse über dem Luganersee liegt das schmucke Tessinerdörfchen Rovio, Ausgangspunkt einer vierstündigen Tour auf den Monte Generoso. Nach Rovio fährt vom Bahnhof Maroggia-Melano mehrmals täglich ein Postauto. Das kleine Dörfchen auf 498 Meter Höhe strahlt sehr viel Charme aus: Da plätschert beispielsweise ein Brunnen am Rande des enggeschachtelten Dorfkerns, und vor der Wegkapelle Soldino zweigt ein Pfad über die steinerne Sovagliabrücke ab. Noch zirpen einige Grillen im sonnenverbrannten Gras. Vom Ufer des Luganersees dröhnt dumpf die Autobahn herauf, sonst durchbricht nur jede Stunde das melodiöse Glockenspiel der 1213 erbauten Pfarrkirche Santa Vitale ed Agate, die Idylle.
Der Aufstieg zum Monte Generoso beginnt nach der Brücke. Ein guterhaltener Saumweg windet sich im Zickzack durch südländischen Hochwald. Weit unten plätschert im abgeschiedenen Waldtobel „Valle della Croce" der Bach. Überhaupt findet der Abenteurer rund um den Monte Generoso noch so manche Schlucht, die nur mit dem Buschmesser auf verwachsenen Schmugglerpfaden zugänglich ist. Auf 917 Meter Höhe ist die Alpe di Melano erreicht. Hier tritt der Wanderer endlich aus dem Wald und genießt den Ausblick über den dunkelblauen „Ceresio". Doch der weitere Weg steigt in zahllosen Windungen wieder durch den Wald bergan, bis endlich bei Mostracù die Waldgrenze erreicht wird. In Bellavista (1221 m) finden bereits ermüdete Wanderkollegen Gelegenheit, die restlichen 400 Höhenmeter mit der Bahn zurückzulegen. Wer bis zum Gipfel weitermarschiert, wird es nicht bereuen. Endlich aus dem dichten Wald heraus, eröffnet sich die einzigartige Rundschau vom Monte Generoso. Für die Talfahrt darf man sich dann getrost den blau-orangen Bähnchen der MG anvertrauen.

Monte Generoso. Der gerade aufblühende Tourismus wurde jedoch von zwei Weltkriegen endgültig erstickt, so daß die glückslose Bahn schweren Zeiten entgegenblickte. Zwei Jahre nach der Konzessionserteilung, also am 15. August 1888, wurde ein Mann geboren, der später dem Schicksal des fast vergessenen Bähnchens eine entscheidende Wende geben sollte. Aber nicht nur um die Monte-Generoso-Bahn hat sich Gottlieb Duttweiler in seinem Leben verdient gemacht. 1925 startete der Selfmade-Mann und Humanist das Unternehmen Migros. Mit fünf Ford-Verkaufswagen zog Duttweiler durch die Straßen Zürichs und verkaufte dort (sehr zum Ärger der Konkurrenz und zur Freude aller Hausfrauen) Zucker, Kaffee, Reis, Teigwaren, Öl und Seife — zum ersten Mal in der Geschichte der Schweiz zu „Discountpreisen". Niemand ahnte, daß damit eine Ära begann, welche die Eidgenossenschaft in manchen Bereichen veränderte.
Als Gottlieb Duttweiler am 8. Juni 1962 im Alter von 74 Jahren zu Grabe getragen wurde, hinterließ er ein Imperium. 18 471 Mitarbeiter erzielten in 413 Läden und 136 Verkaufswagen einen Umsatz von 1,2 Milliarden Schweizerfranken. Die Migros hielt noch immer die tiefsten Preise; eine eigene Mineralwasserquelle, eine Schokoladen- und Konservenfabrik, Reismühlen und viele weitere Betriebe machten das Unternehmen von Markenartikeln und deren Preisen unabhängig. Selbst eine eigene Partei, den noch heute politisch einflußreichen Landesring der Unabhängigen (LdU) und eine eigene Tageszeitung, gründete Duttweiler. Heute erhält man im größten Detailhandelsunternehmen der Schweiz alles — vom preiswerten Migrol-Benzin über Hotelplan-Reisen bis zum Hypothekardarlehen bei der Migros-Bank, ja sogar eine Versicherungsgesellschaft ist dieser Allianz entwachsen. Einem Grundsatz Duttweilers ist das Unternehmen immer treu geblieben: Es werden weder Tabakwaren noch Alkoholika verkauft.
Am Monte Generoso begann das Migros-Zeitalter im März 1941, als Gottlieb Duttweiler das Bähnchen vor dem Abbruch rettete.

Noch verkehrt ein Dampfzug auf den südschweizer Gipfel, allerdings kommt er nur auf Bestellung für Gruppen zum Einsatz. Nächste Doppelseite: So präsentiert sich der Generoso vom Dörfchen Meride aus.

Nachdem die Gesellschaft in eine Genossenschaft umgewandelt worden war, erfand Duttweiler das „Volksbillett". Anstatt 10 Franken, kostete die Berg- und Talfahrt plötzlich nur noch 3,50 Franken. Die Migros rührte bei ihren Genossenschaftern kräftig die Werbetrommel für dieses bisher fast unbeachtete Bähnchen in der sonnigen Südschweiz. Und siehe da, das Volk entdeckte den Monte Generoso aufs neue.

Bis 1953 wurde der kostenträchtige Dampfbetrieb aufrecht erhalten, danach brummten effizientere Dieseltriebwagen zur Bergstation hinauf. In den achtziger Jahren erlebte die MG schließlich auch noch das Elektro-Zeitalter. Die ganze Anlage wurde umfassend saniert und mit 750 Volt Gleichstrom elektrifiziert. Am 4. April 1982 konnten vier moderne Doppeltriebwagen in den Farben Orange und Blau eingeweiht werden. Gleichzeitig holte die Migros auch ihre letzte Dampflokomotive vom Denkmalsockel. Nach einer gründlichen Inspektion wird die rauchende Maschine samt Vorstellwagen hauptsächlich für Gesellschaften bereitgestellt. Doch bis heute rentiert sich die Bahn nicht, ihr Pate Migros deckt großmütig das Betriebsdefizit von über einer Million Franken im Jahr. Da es aber nicht an Fahrgästen mangelt und es in Spitzenzeiten oft zu längeren Wartezeiten an der Talstation kommt, soll schon bald eine Luftseilbahn den Betrieb ergänzen. Bleibt dann nur zu hoffen, daß die „unheimlich starken Zähne" der Alten nicht schon bald gezogen werden.

Brienzer Rothorn

Moderne Dampfloks schnauben auf den Aussichtsgipfel

Wiedergeburt einer Ära: In den Jahren 1990—95 baut die Schweizer Lokomotiv- und Maschinenfabrik Winterthur (SLM) voraussichtlich 12 bis 25 neue Dampfloks. Jahrzehntelang gab sich kein Unternehmen mehr dafür her, im Zeitalter von computergesteuerten Superloks und rasanten High-Tech-Zügen noch dampfbetriebene „Feuerbüchsen" zu konstruieren. Aus wirtschaftlichen Überlegungen erfolgte das endgültige Aus für den Dampfbetrieb auf westeuropäischen Gleisen bereits in den frühen Fünfzigern.

Nicht so auf dem Brienzer Rothorn, im östlichen Gebirgszipfel des Berner Oberlandes: Bis vor kurzem bewältigten sieben alte, zum Teil fast hundertjährige Dampflokomotiven den immer größer werdenden Andrang auf das Brienzer Rothorn (2349 m). Die altehrwürdigen Lokomotiven leisteten, wie in den ersten Jahren nach Inbetriebnahme, treu ihren Dienst. Da es gerade die Dampflokomotiven sind, die den Reiz einer Fahrt auf das Rothorn ausmachen, sah man sich gezwungen, die Veteranen etwas zu schonen; sie sollen ja noch lange die jährlich über 100 000 Besucher erfreuen. Vier Dieselloks unterstützen deshalb seit einiger Zeit die altgedienten Zugpferde am Rothorn. Und schon bald stoßen zwei brandneue Dampflokomotiven zur Schienenflotte der Brienz-Rothorn-Bahn (BRB). Bereits 1991 dampfte das erste neue Prachtstück für 1,75 Mio. Franken zum Gipfel hinauf. Die offizielle Einweihung fand aber erst am 17. Juni 1992 statt, dann nämlich feierte die BRB ihr hundertjähriges Bestehen. Die zweite Maschine nimmt ihren Dienst auf der 7,6 Kilometer langen Strecke ca. 1993 auf. Alle anderen von der SLM konstruierten Dampfloks sollen nach Österreich geliefert werden. Tief unter den langsam den Berg hinaufschnaubenden „Feuerbüchsen" leuchtet der Brienzersee. Es gibt Jahr für Jahr wiederkehrende Feriengäste, die vom schönsten Schweizer See sprechen. In der Tat besitzt der wildromantische See mit den steil aufsteigenden und stark bewaldeten Bergen rundum fast urlandschaftliche Reize.

Als der Jahrhundertsturm „Vivian" im Februar 1990 über den See fegte, hinterließ er nicht nur Tausende entwurzelte und abgeknickte Bäume. Wellen, wie sie noch nie im Berner Oberland gesehen wurden, zerstörten in wenigen Augenblicken praktisch die ganze Uferpromenade des malerischen Ferien- und Schnitzerdörfchens Brienz. Der Ort mußte sogar zum nationalen Katastrophengebiet erklärt werden. Das Brienzer Rothorn und auch die Wälder an seinen Flanken sind noch recht glimpflich davongekommen. Umso verheerender wütete der Sturm aber in den großen Tannenwäldern am gegenüberliegenden Seeufer. Noch ein Jahr später war der aufgebotene Zivilschutz mit den Aufräumarbeiten beschäftigt. Es gibt Berge, die durch ihre Form bestechen — alleine schon ihr Anblick ist eine Reise wert. Das Brienzer Rothorn zeichnet sich dagegen eher als schlichter, unauffälliger Berg aus.

Umso atemberaubender ist der Blick vom 2349 Meter hoch gelegenen Gipfel. Dort, wo die Grenzen der Kantone Bern, Luzern und Obwalden zusammentreffen, präsentieren sich die Berner Oberländer Schnee- und Eisriesen im Blickfeld. Kein Wunder also, daß schon im 18. Jahrhundert vornehme Reisende in mühsamen Wanderstunden den Gipfel erklommen. Die einmalige Aussicht trug dazu bei, das Rothorn weit über die Landesgrenzen hinaus bekannt zu machen. Bei klarem Wetter kann man hinter dem Mittelland und dem Jura den Schwarzwald und die Vogesen deutlich erkennen, ebenso die Rheinebene, welche die beiden Gebirgszüge trennt. Im Nordosten ist der Säntis auszumachen, im Südwesten die Diablerets. Bis zum Horizont erstrecken sich die majestätischen Gipfel des Berner Oberlands und der Glarner Alpen. Ein besonderes Schauspiel bietet das Brienzer

Nostalgie liegt am Brienzer Rothorn im Trend, gilt die Strecke doch als einzige fahrplanmäßige Dampfbahn der Schweiz (oben). Romantiker genießen den Sonnenaufgang mit Blick aufs Rothorn von Bönigen am Brienzersee (unten).

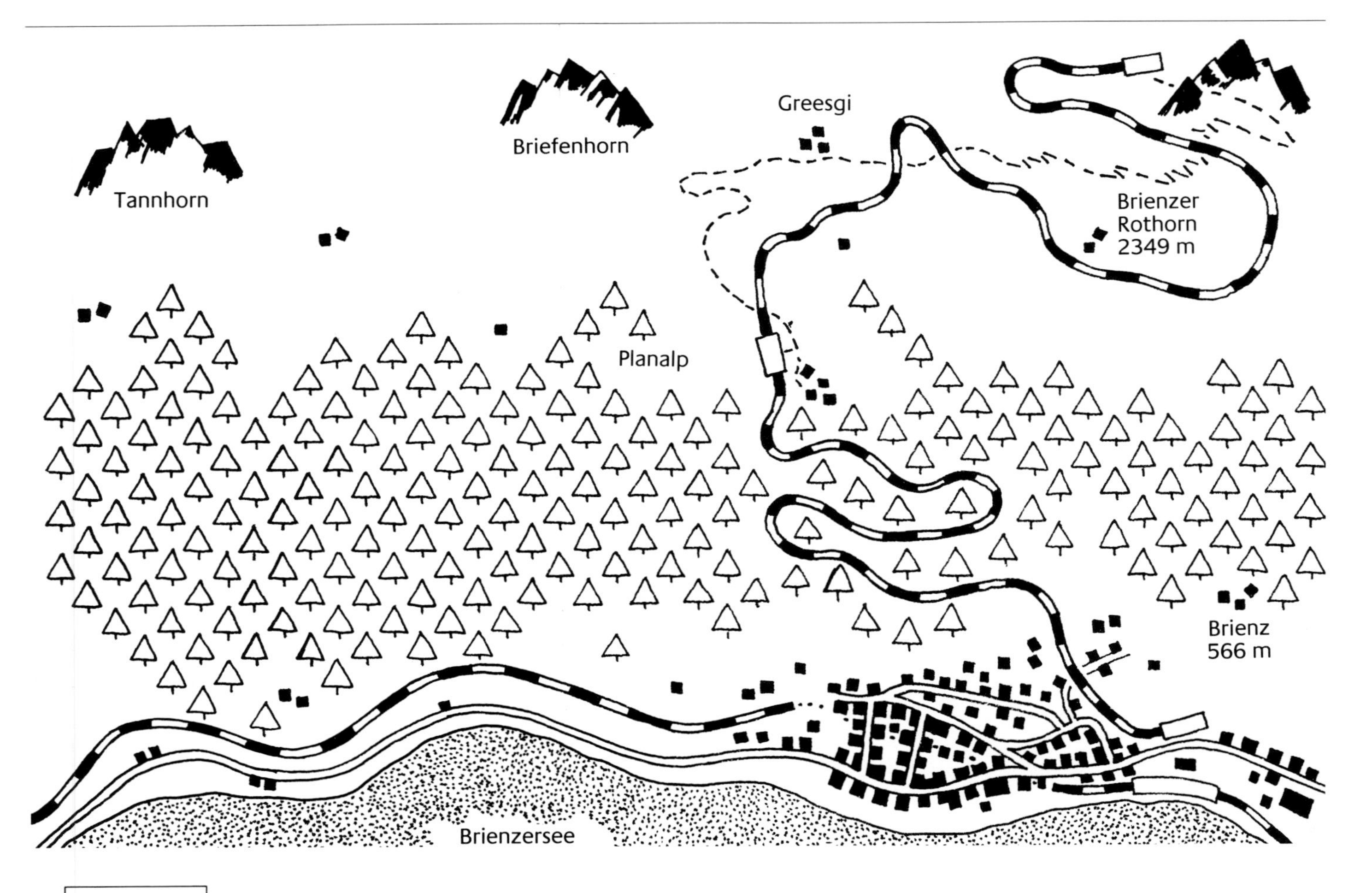

Eine erlebnisreiche Fahrt mit der rund hundertjährigen Dampf-Zahnradbahn bringt den Wanderer zum Ausgangspunkt seiner Tour. Vom Bergrestaurant Rothorn-Kulm auf 2266 Meter über dem Meeresspiegel erreicht er in gemütlichen 21 Minuten den Gipfel des Rothorns (2349 m). Bergerfahrene Spaziergänger steigen im Anschluß an den Besuch des Gipfels in vielen langgezogenen Kehren den exponierten Südhang des Rothorns hinunter, wobei die Schienen der Zahnradbahn gleich mehrmals gekreuzt werden. Keine Angst vor den Zügen: Schon von weitem erkennt man den Rauch der Dampflokomotiven, und die Fahrgeräusche hallen von den Felswänden als Echo zurück. Es lohnt sich, bei einem Niveauübergang auf einen Zug zu warten, denn es ist schon ein eindrückliches Schauspiel, wenn die schnaubenden Loks mit ein oder zwei vollbeladenen Wagen praktisch im Schrittempo den Berg hinaufkeuchen.

Nach dieser bahnhistorischen Pause erreicht der Wanderer die Alphütten von Greesgi auf 1552 Meter Höhe. Wer spürt hier nicht seine Knie? Immerhin wurden an steilem Hang bereits runde 800 Höhenmeter überwunden. Ein Trost für geschundene Wanderbeine: bis zur Mittelstation Planalp (1341 m) ist es nicht mehr weit. Ein ziemlich breites Alpsträßchen mit geringem Gefälle führt zum Ziel. Unerschrockene folgen von der Planalp aus dem Weg hinunter bis Brienz — dabei gilt es allerdings weitere 800 Höhenmeter zu bewältigen. Weit verlockender ist eine Erfrischung in der nahegelegenen Bergwirtschaft: Hier vergeht die Wartezeit auf den nächsten Zug im Nu.

Rothorn jeweils bei Sonnenaufgang und Sonnenuntergang, wenn die Paradeberge Titlis, Finsteraarhorn, Eiger, Mönch und Jungfrau von der tiefstehenden Sonne vergoldet werden. Es liegt nahe, daß auf einem solchen Aussichtsberg auch ein gemütliches Berghotel zu finden ist, wo zahlreiche Besucher aus dem In- und Ausland dem unvergeßlichen Naturschauspiel beiwohnen.

Ein erstes Wirtshaus wurde auf dem Rothorn bereits 1838 errichtet. Die übermächtige Konkurrenz des Faulhorns (gleich auf der anderen Seite des Brienzersees) trug aber leider dazu bei, daß es bald wieder aufgegeben wurde und 1846 einem Brand zum Opfer fiel.

Fast 20 Jahre später stand wieder ein Gasthaus auf dem Rothorn. Doch man hatte zu lange mit dem Bau gewartet. Das Rothorn war zu jener Zeit praktisch als Ausflugsziel in Vergessenheit geraten, und auf dem Faulhorn florierte der Tourismus wie eh und je. Es kam wie es kommen mußte: Die Besucher blieben aus, und 1885 erlitt das vernachlässigte Bergrestaurant das traurige Schicksal seiner Vorgänger: Es brannte ab. Ein drittes Berghaus wurde mit der Inbetriebnahme der Zahnradbahn gebaut.

Als 1889 die Konzession zum Bau der Brienz-Rothorn-Bahn erteilt wurde, profitierten die Initianten vom allgemein vorherrschenden Bergbahnfieber. Der Glaube an die neue Technik war weit verbreitet, und es schien kein Problem zu sein, das benötigte Kapital von 2,2 Millionen Franken zusammenzubringen. Im Gegenteil: Es wurde massiv spekuliert, Obligationen und Aktien überzeichnete die interessierte Käuferschaft bis zu siebenundachtzigmal.

Der Ingenieur Alexander Lindner hatte sich mit einigen Brienzer Bürgern zum Ziel gesetzt, mit der Zahnradbahn auf das Brienzer Rothorn neue Maßstäbe im Bahnbau zu setzen. Die geplante Bahn sollte nicht nur den höchsten Punkt aller Bergbahnen der Welt erreichen, sondern auch die größte Höhendifferenz überwinden und zugleich den schönsten Aussichtsberg erklimmen. Damit traten die Brienzer in direkte Konkurrenz zur Bahn auf die Schynige Platte. Im Gegensatz zu dieser sollte jedoch die Linie aufs Brienzer Rothorn als erste *Gipfelbahn* im Berner Oberland hervorstechen. Im August 1890 wurde mit den Bauarbeiten begonnen. Es entwickelte sich in der Folge ein hektisches Treiben am Rothorn. Bis zu 640 Arbeiter waren damit beschäftigt, dem Berg Meter für Meter abzuringen. Während der etwas mehr als einjährigen Bauzeit, wurden auf der 7,6 Kilometer langen Strecke, sechs Tunnels mit einer Gesamtlänge von 690 Metern sowie 14 Brücken, 4 Unterführungen und 11 Niveauübergänge gebaut. Am 17. Juni 1892 konnte die Bahn schließlich eröffnet werden, und man blickte erwartungsvoll in die Zukunft. Die Strecke wurde damit sogar über sieben Monate vor dem festgesetzten Termin fertiggestellt. Der Erfolg des gewagten Unternehmens schien sicher.

Doch es kam alles ganz anders. Bald stellte sich heraus, daß das Aktienkapital nur teilweise einbezahlt worden war und sich deswegen Zahlungsschwierigkeiten ergaben. Zusätzlich blieben die Besucherzahlen weit unter den Erwartungen. Verantwortlich dafür waren auch die ebenfalls in den letzten Jahren entstandenen Konkurrenzunternehmen im Berner Oberland. Als schließlich der Erste Weltkrieg ausbrach, sanken die Besucherzahlen noch weiter. Bereits am 9. August 1914 war es traurige Tatsache: Der Betrieb der Zahnradbahn mußte eingestellt werden. In der Folge warteten die Lokomotiven lange Jahre in ihrem Brienzer Depot darauf, wieder in Betrieb genommen zu werden. Und tatsächlich, nach einer 16jährigen Zwangspause, wurde 1931 eine neue Gesellschaft gegründet — die heutige Brienz-Rothorn-Bahn (BRB) entstand. Bald schon nahm das neue Unternehmen den Betrieb mit den gründlich überholten

BRB
C 21

BRB

Vorangehende Doppelseite: Ein herrlicher Sommertag hat begonnen. An Spitzentagen erreichen bis zu 2000 Ausflügler das Rothorn. Romantisch und nostalgisch zugleich präsentiert sich der Brienzersee mit dem Dampfschiff „Lötschberg" (unten).

Anreise

Nach Brienz, am Ostende des Brienzersees, gelangt man von Interlaken aus mit der SBB-Brüniglinie oder mit dem Schiff.

Betriebszeiten

Die Brienz-Rothorn-Bahn (BRB) verkehrt jeweils von Juni bis Oktober.

Höhenunterschied

Talstation Brienz: 566 m
Bergstation Rothorn: 2244 m
Höhenunterschied: 1678 m

Was es zu sehen gibt

Allgegenwärtig sind nicht nur die imposanten Berner Alpen, sondern auch der Brienzersee, 14 Kilometer lang, rund 3 Kilometer breit und 259,8 Meter tief. Brienzer- und Thunersee waren vor etwa 20 000 Jahren nicht durch das „Bödeli" mit dem Kurort Interlaken getrennt. Ein riesiger See erstreckte sich zu jener Zeit von Meiringen bis Thun. Erst das Geschiebe der Lütschine schüttete das Bödeli auf.

Hotelvorschläge

In tiefer Waldeinsamkeit steht am gegenüberliegenden Seeufer das Grandhotel „Gießbach". Neben dem Gebäude rauscht der mächtige Gießbachfall über vierzehn Felsstufen dem Brienzersee entgegen. Eher ungewöhnlich ist wohl ein Aufenthalt im Spielhotel „Sternen" im Dorfzentrum von Brienz — dort wird aktiver Spielurlaub für die ganze Familie geboten. Preiswert und charmant: die Jugendherberge am Strandweg 10.

Karten

Landeskarte der Schweiz, 1 : 25 000; Blatt 1209 „Brienz".

BRIENZ ROTHORN BAHN

Bis zu 30 Züge täglich können zur Hochsommerzeit am Brienzer Rothorn verkehren. Das beinahe hundertjährige Rollmaterial, unterstützt von vier modernen Dieselloks, wurde 1991 durch eine brandneue Dampflok ergänzt.

Die Trasse der Brienz-Rothorn-Bahn schlängelt sich nach dem Zwischenhalt Planalp durch ein grünes, waldloses Bergtal, das so mancher Besucher hier oben gar nicht erwartet hat. Bis zum Gipfel fehlen noch gut 1000 Meter.

Dampflokomotiven wieder auf, die nun als letzte Dampfzahnradbahn der Schweiz firmierten. Es fanden sich mehr und mehr „Nostalgie-Fans", die das Rothorn mit den dampfbetriebenen Lokomotiven in ihr Herz schlossen. Die Besucherfrequenzen stiegen in der Folge wieder an.

Dem dritten Berghaus war ebenfalls lange Zeit der Erfolg verwehrt geblieben. Eng mit der BRB verbunden, bekam es den Geldmangel sowie den Ausbruch des Ersten Weltkriegs zu spüren. So fristete es zu Beginn ein eher klägliches Dasein. Erst ab 1931, als die Dampflokomotiven wieder aus ihrem Dornröschenschlaf erwachten, stiegen die Besucherzahlen allmählich an. 1947 konnte das Bergrestaurant sogar um einen dreigeschossigen Westflügel erweitert werden. In den letzten Jahren renovierte die Gesellschaft das Hotel Rothorn-Kulm, natürlich in enger Zusammenarbeit mit der Seilbahngesellschaft (Sörenberg-Rothorn). Damit ist man nun bestens für die Zukunft gewappnet. Die Talstation der Brienz-Rothorn-Bahn liegt wie der Name schon sagt, in Brienz. Nachdem man hier in der Vergangenheit hauptsächlich von Vieh- und Milchwirtschaft gelebt hatte, kamen im Laufe des 19. Jahrhunderts der Tourismus und in der Folge auch die Kunst der Holzschnitzerei auf. Heute ist Brienz ein bedeutender Sommerkurort, malerisch am Ufer des Brienzersees gelegen. Prächtig verzierte Holzhäuser, eine wieder instand gesetzte Strandpromenade, schöne Seegärten und natürlich auch die Talstation der BRB, als Ausgangspunkt für die Fahrt zum Rothorn, ziehen Jahr für Jahr Zehntausende von Besuchern aus dem In- und Ausland an. Auf dem Brienzersee laden zahlreiche Ausflugsschiffe — allen voran der nostalgische Raddampfer „Lötschberg" — zu unvergeßlichen Rundfahrten auf dem 14 Kilometer langen See ein. Wer in Interlaken logiert und auch Ausflüge auf die Schynige Platte und das Jungfraujoch ins Reiseprogramm einschließt, fährt am besten mit dem Dampfer nach Brienz (Fahrzeit ca. 80 Minuten). Von der Schiffsanlegestelle zum Bahnhof der Brienz-Rothorn-Bahn ist es nicht weit. Steigen wir also in einen der bereitstehenden Dampfzüge ein. Sobald die alten Dampflokomotiven fauchend die Talstation verlassen, führen die Schienen zuerst durch malerische Weiden, bevor sie weiter oben im Wald verschwinden. Die Strecke wird steiler und steiler. Schroffen Felswänden entlang schlängelt sich der Zug durch Tunnels und gibt immer wieder einmalige Ausblicke auf den reizenden Ferienort Brienz und den flaschengrünen Brienzersee frei. Im Hintergrund erkennt man das „Bödeli" mit den Dörfern Bönigen und Interlaken. Unmittelbar hinter dem Brienzersee erheben sich majestätisch die Berner Alpen. Der Fahrgast erreicht die Wasserstationen Geldried (1024 m), Planalp (1346 m) und Oberstaffel (1823 m). Nach 55 kurzweiligen Minuten trifft der Zug schließlich in der Bergstation Rothorn-Kulm auf 2244 Meter Höhe ein. Einige technische Daten: Die maximale Steigung auf der Strecke beträgt 25 Prozent, die durchschnittliche Steigung noch immer 22,5 Prozent. Seit 1980 ist die BRB mit einem voll ausgebauten Funksystem ausgerüstet. Jeder Zug ist damit jederzeit erreichbar. Dies hilft der Disposition, eine optimale Auslastung der Züge zu erreichen. Besonders an Wochenenden ist der Andrang oft so groß, daß bei den beschränkten Transportmöglichkeiten ab und zu längere Wartezeiten in Kauf genommen werden müssen. Das aufwendige Funksystem sorgt jedoch dafür, das an Spitzentagen über 30 Züge mit mehr als 2000 Personen auf den Gipfel befördert werden können. Dank genauer Planung verläßt bei Bedarf fast jede halbe Stunde ein Zug die Talstation.

Um die BRB noch attraktiver zu machen, werden spezielle Nachtfahrten organisiert. So erhält der Gast zum Beispiel die Gelegenheit, rechtzeitig zum Sonnenuntergang auf den Gipfel zu fahren, um dort das eindrückliche Naturschauspiel mitzuverfolgen. Im Bergrestaurant gibt es nach Einbruch der Dunkelheit folkloristische Abendunterhaltung mit Jodlern, Handörgeli-Spielern und Alphorn-Bläsern. Doch zurück zur Talstation und den Werkhallen: Der Zeitaufwand zur täglichen Inbetriebnahme der alten Dampflokomotiven ist enorm. Bereits zwei Stunden vor der ersten Fahrt müssen die Maschinen angefeuert werden.

Geduldig wird gewartet, bis sich im Kessel der erforderliche Druck aufgebaut hat; dann wird noch Wasser getankt und Kohle aufgeladen. Für eine Fahrt bis zum Gipfel verbrauchen die alten Maschinen etwa 300 kg Kohle. Nach der Rückfahrt und Ankunft in Brienz geht die anstrengende Arbeit der Lokomotivführer und Heizer praktisch ohne Pause weiter. Die Maschine wird überprüft und geschmiert. Kohle und Wasser müssen nachgefüllt und der zur Bergfahrt wiederum notwendige Kesseldruck aufgebaut werden. In der Zwischenzeit haben die neuen Fahrgäste bereits Platz genommen und warten gespannt auf die Abfahrt. Daß die hundertjährigen Oldtimer noch täglich ihre Arbeit verrichten, ist nicht zuletzt den langjährigen Mitarbeitern, den Lokomitivführern und Heizern zu verdanken. Mit großer Sorgfalt und viel Fachverstand nehmen sie im Winter die alten Maschinen teilweise oder ganz auseinander, um ihre einzelnen Bestandteile zu pflegen und zu warten.

Auch die Instandhaltung der Strecke ist sehr arbeitsintensiv. Früher kämpften jeweils im Frühjahr bis zu 70 Männer gegen den oft meterhoch liegenden Schnee. Erst nach Wochen harten Einsatzes konnte die Strecke geöffnet werden. Heute verrichten größtenteils Schneefräsen diese Arbeit, wobei immer noch 10 Mann zur Mithilfe benötigt werden.

Schynige Platte

Im Angesicht des strahlenden Dreigestirns der Berner Alpen

Unter Bergwanderern ganz besonders beliebt, ist der fünfstündige Marsch von der Schynige Platte zum Faulhorn. So herrliche Ausblicke wie auf das Finsteraarhorn (Seite 77) sind hier inbegriffen. Seite 76: die Schynige-Platte-Bahn.

Dort, wo die schäumende Lütschine aus ihrem engen Tal tritt, erhebt sich parallel zum Brienzersee eine kilometerlange Bergkette mit Gipfeln um die zweitausend Meter. Als westlichster Eckpfeiler steigt die Schynige Platte rund 1500 Meter aus dem Talboden der Lütschine auf. Ihren Namen verdankt die weitherum bekannte Aussichtswarte dem schieferigen Rutschgebiet. Abfließendes Wasser und Regenfälle bringen den Berg dann und wann zum „schynen" (Berner Oberländer Mundartausdruck für „rutschen"). Auf sicherer Trasse ohne Rutschgefahr führt von Wilderswil bei Interlaken eine Zahnradbahn zur Schynige Platte hinauf.

Rein buchhalterisch wird die Schynige-Platte-Bahn (SPB) als selbständiger Nebenbetrieb der Berner-Oberland-Bahnen (BOB) geführt. Kein Glück war der einstigen Betriebsgesellschaft der Schynige-Platte-Bahn beschieden. Der Betrieb konnte zwar nach einer zweijährigen Bauphase am 14. Juni 1893 aufgenommen werden. Das Unternehmen machte zwei Jahre danach jedoch bereits Pleite. Die gesamten Bahnanlagen samt Rollmaterial wurden in der Folge für nur 865 000 Franken an die BOB verkauft. Die Initianten der Zahnradbahn steckten einen Verlust von über zwei Millionen Franken ein.

Schon zu Beginn des 19. Jahrhunderts machten sich die ersten Touristen daran, die Voralpenkette zwischen dem Brienzersee und dem Lütschental zu erkunden.

Es war eine elitäre Schicht, die zu Fuß, im Tragestuhl oder hoch zu Roß die eindrückliche Aussichtswarte über dem „Bödeli" (so wird die Schwemmebene zwischen Thuner- und Brienzersee genannt) erklomm.

Ein Hauch von Nostalgie weht noch heute um die Schynige Platte. Die gemütlichen Sommerwagen mit ihren harten Holzbänken stammen fast alle aus dem Eröffnungsjahr 1893. Die vier ältesten Lokomotiven fuhren zum ersten Mal, als die Strecke 1914 elektrifiziert wurde.

Anreise
Wilderswil am Eingang des Lütschentals wird via Bern, Thun und Interlaken-Ost mit der Bahn erreicht.

Betriebszeiten
Die Schynige-Platte-Bahn (SPB) verkehrt nur während der Sommermonate.

Höhenunterschied
Talstation Wilderswil: 584 m
Bergstation Schynige Platte: 1987 m
Höhenunterschied: 1403 m

Was es zu sehen gibt
Eindrücklicher noch als von der Kleinen Scheidegg, präsentiert sich von der Schynigen Platte die berühmteste Berggruppe der Berner Alpen — Eiger, Mönch und Jungfrau. Gleich hinter der Bergstation gibt es auch etwas anderes zu sehen, nämlich den Alpengarten unter der Leitung des Botanischen Instituts der Universität Bern mit einer Sammlung seltener Bergblumen. Gut 500 Blütenpflanzen und Farne auf einem rund 8400 Quadratmeter großen Areal gilt es zu bewundern. Bequeme Spazierwege führen durch die farbenprächtige Alpenflora.

Hotelvorschläge
Obwohl es auch Wilderswil auf ganze 16 Hotels bringt, drängt sich eine Übernachtung im weltbekannten Kurort Interlaken auf. Wer nicht so sehr auf den Geldbeutel achten muß, genießt die Atmosphäre im Fünf-Sterne-Hotel „Jungfrau-Victoria". Am günstigsten: die Jugendherberge in Bönigen.

Karten
Landeskarte der Schweiz, 1:25 000; Blätter 1228 „Lauterbrunnen" und 1229 „Grindelwald".

Von der Bergstation der Schynige-Platte-Bahn bieten sich gleich zwei lohnende Wanderziele an. Am mühelosesten läßt sich der anderthalbstündige Rundwanderweg bewältigen. Von der Bergstation wendet man sich zunächst westwärts, umrundet Gumihorn und den merkwürdigen Felszahn der Tuba und steht alsbald auf einer bemerkenswerten Aussichtsplattform. Für einmal blicken wir nicht in Richtung der Berner Alpen, sondern zum flaschengrünen Brienzersee und zum Thunersee hinunter. Weiter geht's auf einem aussichtsreichen Grat bis zum Oberberghorn. Dort tritt man auf einem anderen, etwas tiefer liegenden Pfad den Rückweg an. Nicht zurück zur Schynigen Platte kommt jener Spaziergänger, der seinen Marsch entlang dem Grat fortsetzt. Zweifellos zählt die gut fünfstündige Bergwanderung von der Schynigen Platte aufs Faulhorn (2680 m) zum Schönsten, was die Schweiz zu bieten hat. Zur Rechten grüßt die hochalpine Gipfelwelt mit den Paradebergen Eiger (3970 m), Mönch (4099 m), Jungfrau (4158 m) und Finsteraarhorn (4273 m), linkerhand leuchtet noch immer der wildromantische Brienzersee in der Tiefe. Die Tour ist auch mit etwas marschgewohnten Kindern leicht zu bewältigen. Selbst an schönen Vollmondnächten tummeln sich unzählige Wandervögel zwischen Faulhorn und Schyniger Platte. Das Hotel Faulhorn, nur zu Fuß zu erreichen, rühmt sich, das höchstgelegene Berghotel der Alpen zu sein. In den alten Räumen riecht es noch immer ein wenig nach Noblesse und Fin de siècle.

Zurück ins Tal gelangt man übrigens vom Faulhorn nach einem anderthalbstündigen Abstieg zur Bergstation der Gondelbahn First. Die Talfahrt nach Grindelwald ist nach der mehrstündigen Bergwanderung ein Hochgenuß.

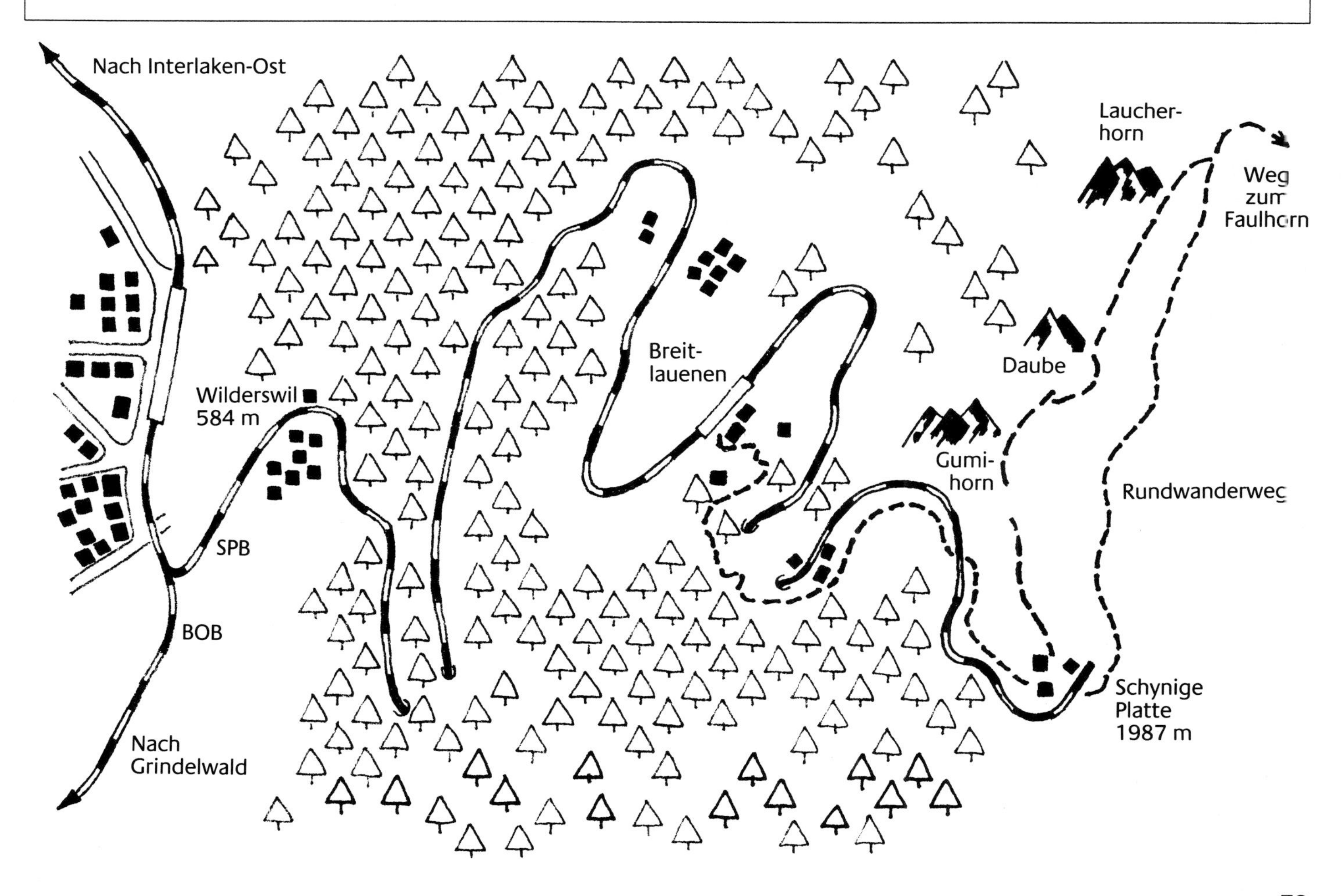

Wengernalp und Jungfraujoch

Der Tunnel hinter der Eigerwand erhält Besuch aus aller Welt

Vorangehende Doppelseite: Zu einem sicher unvergeßlichen Erlebnis — ob im Sommer oder im Winter — wird die Fahrt von Grindelwald aufs Jungfraujoch. Unser ständiger Begleiter ist das 3701 Meter hohe Wetterhorn (rechts oben).

Gäbe es eine Hitparade aller Zahnradbahnen, würde die populäre Jungfraubahn ganz oben rangieren. Damit aber nicht genug der Rekorde: Das Jungfraujoch bietet auch gleich noch die höchstgelegene Bahnstation Europas — 3454 Meter hoch. Richtig gespenstisch wirkt dieser Bahnhof, befindet er sich doch in einem Tunnel und von ihm aus ist noch kein Tageslicht zu sehen. Trotzdem herrscht ein Betrieb wie auf einem gewöhnlichen Bahnhof. Fahrgäste aller Nationen gehen hier ein und aus. Doch niemand hat's eilig, die dünne Luft in großer Höhe zwingt zu einem gemächlichen Schritt.

Vorerst sind wir aber noch gar nicht auf dem „Top of Europe", wie das Jungfraujoch auch von findigen Werbepromotoren benannt wurde, angekommen. Die Fahrt beginnt in Grindelwald-Dorf am Bahnhof. Keine Angst, wir sind nicht in den falschen Zug gestiegen; das grün-gelbe Bähnchen der WAB (Wengernalpbahn) rollt erst mal talwärts, um in Grindelwald-Grund (944 m) die Talsohle zu durchqueren, seine Richtung zu ändern und schließlich den langen Aufstieg zu beginnen. Auch haben wir uns nicht in das Land der Untergehenden Sonne verirrt. Ein „Muß" ist für Japaner auf ihrer Reise durch Europa noch immer das Jungfraujoch. Japanische Schriftzeichen sind allgegenwärtig. Während der Fahrt der Jungfraubahn (JB) durch den Eigertunnel erklingen sogar japanische Erklärungen über Lautsprecher und eine Lok trägt zur Demonstration der Verbundenheit ein Wappen der japanischen Hafenstadt Otsu (Im Gegenzug wurde in Otsu ein Schiff auf den Namen „Interlaken" getauft). Um jeden Irrtum vorweg zu nehmen: Die Wengernalpbahn fährt nicht aufs Jungfraujoch, sondern nur bis zur Kleinen Scheidegg. Bereits das Umsteigen gewohnt, wechselt man auf 2061 Meter Höhe erneut den Zug.

Rechnete man bei der Projektierung noch mit einer Frequenz von 40 000 Personen im Jahr, so benutzen heute jährlich fast drei Millionen Reisende die Wengernalpbahn und beinahe eine Million Gäste aus aller Welt die Jungfraubahn. Dabei ist die 50minütige Fahrt aufs Jungfraujoch nicht einmal besonders aussichtsreich. Bereits nach 12 Minuten verschwindet der rotgelbe Zug im 7222 Meter langen Tunnel. Im sicheren Stollen gewinnt die Bahn hinter der berühmt-berüchtigten Eiger-Nordwand langsam an Höhe, wendet und steigt im Innern des Mönchs (4099 m) dem Jungfraujoch entgegen.

Herrscht nicht gerade im Hochsommer großer Andrang, legen die Züge im Tunnel zwei Aussichtshalte ein. Die Station Eigerwand ist in keinem Kursbuch eingetragen, besteht sie doch eigentlich nur aus einem Fenster — aber was für einem! Mitten in der, fast senkrecht abfallenden Eiger-Nordwand, werfen selbst halbschuhbesohlte Touristen einen Blick in die fürchterliche Tiefe. Wenige Zentimeter hinter der sicheren Glasscheibe weht ein anderer Wind, dort raufen waghalsige Alpinisten mit der Hochgebirgsnatur in ihrer extremsten Form. Die Eiger-Nordwand gehört noch immer zum Gefährlichsten, was die Kletterei zu bieten hat. Schon als zwei Münchner 1935 dieses „letzte ungelöste Problem" der Alpen bewältigen wollten und die Erstdurchsteigung versuchten, erfroren sie nach einem Wettersturz im Biwak. Im nächsten Jahr folgte eine weitere Tragödie, diesmal scheiterten

Leserreise mit dem Autor

Jeweils im Herbst organisiert der Autor eine zehntägige Wanderung vom Berner Oberland ins Wallis. Auf dieser Tour werden zahlreiche, in diesem Buch beschriebene Zahnradbahnen als Transportmittel benutzt. Sicher zu den Höhepunkten dieser Wanderung gehört die Überquerung des Großen Aletschgletschers, dem längsten Eisstrom der Alpen. Interessierte Leser wenden sich direkt an den Autor: Ronald Gohl, Edition Lan AG, Innere Güterstraße 4, CH-6304 Zug (Telefon: Vorwahl für die Schweiz / 42 21 15 02). Beschränkte Teilnehmerzahl!

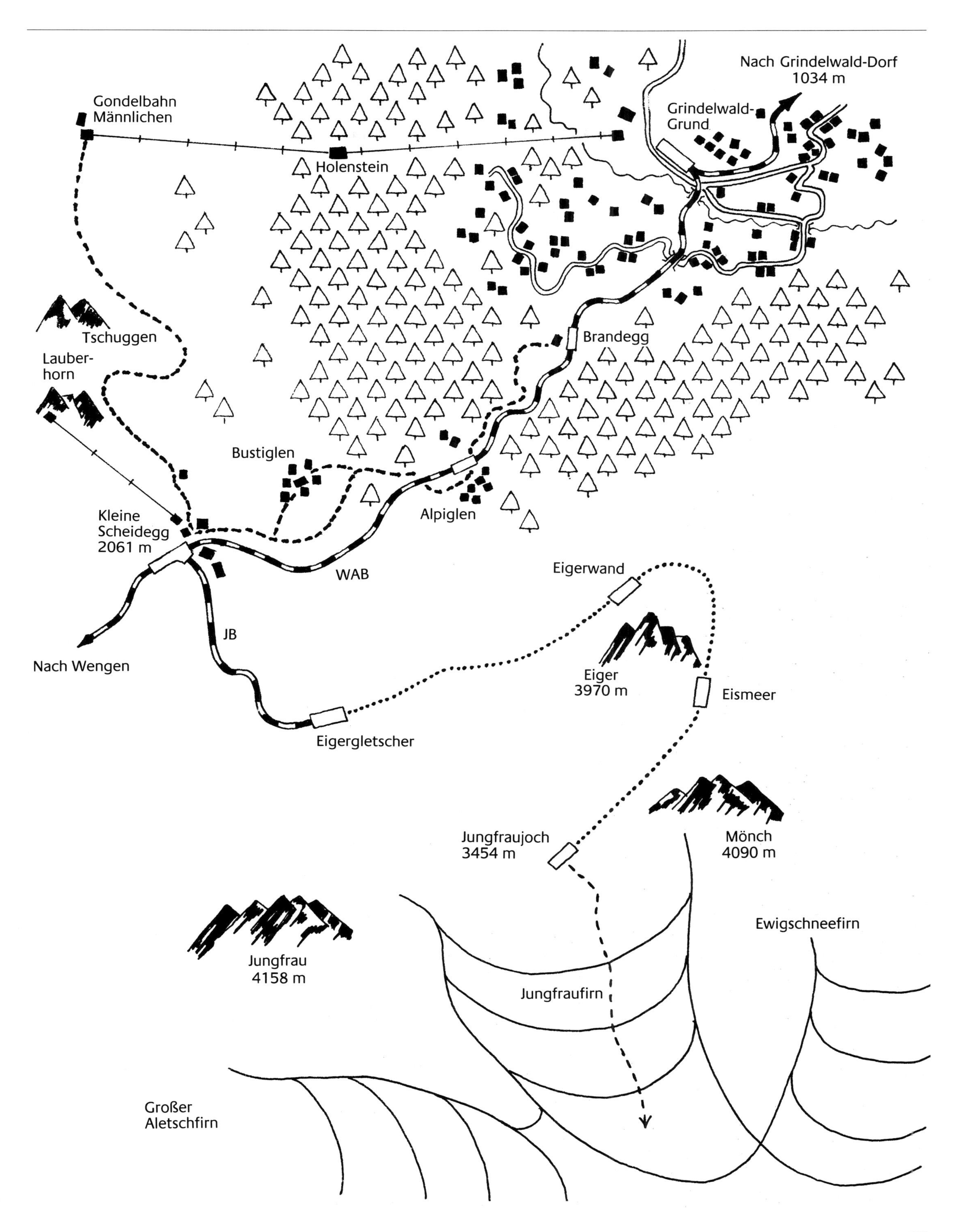
Gondelbahn
Männlichen
Holenstein
Nach Grindelwald-Dorf
1034 m
Grindelwald-
Grund
Tschuggen
Lauber-
horn
Brandegg
Bustiglen
Alpiglen
Kleine
Scheidegg
2061 m
WAB
JB
Nach Wengen
Eigerwand
Eiger
3970 m
Eismeer
Eigergletscher
Jungfraujoch
3454 m
Mönch
4090 m
Ewigschneefirn
Jungfrau
4158 m
Jungfraufirn
Großer
Aletschfirn

Drei Berge, die weltberühmt wurden: Das stolze Dreigestirn mit Eiger (3970 m), Mönch (4090 m) und Jungfrau (4158 m) wird in der „Bestenliste“ aller Schweizer Berge nur noch vom Walliser Matterhorn übertrumpft.

Anreise
Ins Gletscherdorf Grindelwald fährt man mit der Bahn von Bern aus. Umsteigen in Interlaken-Ost.

Betriebszeiten
Wengernalpbahn (WAB) und Jungfraubahn (JB) verkehren ganzjährig.

Höhenunterschied
Talstation Grindelwald: 1034 m
Bergstation Jungfraujoch: 3454 m
Höhenunterschied: 2420 m

Was es zu sehen gibt
Ob man in die bezaubernde Welt des Eispalastes eindringt, oder durch einen dunklen Tunnel hinaus zur glitzernden Pracht des Großen Aletschgletschers gelangt, der Besuch lohnt sich allemal. Auch die Wissenschaft hat sich in der dünnen Luft angesiedelt. Auf einem markanten Felshöcker thront das Sphinx-Observatorium (zugänglich über einen 111 Meter langen Lift). Es beherbergt ein Teleskop mit einem Spiegeldurchmesser von 76 Zentimetern. Bei ungünstiger Witterung versammelt man sich im Vorführraum; dort wird eine spektakuläre Tonbildschau über den Bau der Bergstation gezeigt.

Hotelvorschläge
Ganz klar, daß im Gletscherdorf Grindelwald übernachtet wird. Gleich am Bahnhof steht das Vier-Sterne-Hotel Derby. Wohl etwas ruhiger ist die Nacht im Drei-Sterne-Hotel Gletschergarten. Oder wie wär's mit der Jugendherberge am Waldrand?

Karten
Landeskarte der Schweiz, 1:25 000; Blatt 1229 „Grindelwald".

Als „Hirngespinst“ wurden die zahllosen Projekte für eine Bahn auf die Jungfrau einst abgetan. Der „Nebelspalter“, eine Schweizer Satire-Zeitschrift, sah die Lösung in einem mächtigen Eifelturm mit Lift und Schwebebahn.

Gelegentlich kommt es vor, daß sich Turnschuhtouristen auf den Weg zum verlockend nahen Mönch machen und dabei in Bergnot geraten. Die Besteigung der Jungfrau (4158 m) und des Mönch (4090 m) ist ausdrücklich geübten und voll ausgerüsteten Hochalpinisten vorbehalten. Wer sich dennoch aufs Eis begeben möchte, bucht eine zweitägige Tour über den Großen Aletschgletscher. Die Wanderung wird nur zwischen Juli und September durchgeführt, man sollte sich rechtzeitig bei den Verkehrsvereinen Grindelwald, Wengen oder direkt bei der Jungfraubahn anmelden.
Am ersten Tag gelangt man von der Bergstation der Jungfraubahn durch den Stollen aufs Firnfeld des Jungfraugletschers. Weiter geht's am Seil über den Jungfraufirn zum Konkordiaplatz. Hier, wo vier Eisströme zum mächtigen Großen Aletschgletscher zusammenfließen, hat die Natur eine riesige Eisfläche geschaffen. Bis zu 1000 Meter tief ist an diesem Punkt der mit 22 Kilometern längste Gletscher der Alpen. Recht klein und unbedeutend erscheint der Mensch in dieser atemberaubend schönen Szenerie. Übernachtet wird in der Konkordiahütte auf 2850 Meter Höhe. Die Tour setzt die Seilschaft erst am nächsten Tag über den Großen Aletschgletscher fort. An beiden Tagen wird zusammen an die 11 Stunden gewandert. Über den Märjelensee, das Oberwalliser Bergseewunder mit fast antarktischer Bergkulisse, verläßt die Wandergruppe den Eisstrom und gelangt ins Feriendorf Fiesch (Bahnstation der Furka-Oberalp-Bahn): der ideale Ausgangspunkt für das nächste Zahnradbahn-Abenteuer am Gornergrat.

gleich drei Zweier-Seilschaften. Wie schon beim ersten Mal, forderte ein plötzlicher Wettersturz seine Opfer in der Wand. Bergführer aus Grindelwald stiegen bei der Station Eigerwand durchs Stollenfenster, und es gelang ihnen, sich bis auf wenige Meter dem letzten Überlebenden zu nähern — dieser starb jedoch erschöpft vor den Augen seiner Retter. In den Medien sprach man nicht mehr von der Nordwand, sondern von der Mordwand, und der bernische Regierungsrat verbot das Begehen dieser Route. Aus juristischen Gründen ließ sich dieses Gesetz jedoch nicht aufrecht erhalten.
Vom 21. bis 24. Juli 1938 rangen erneut zwei Deutsche und zwei Österreicher in der Eiger-Nordwand um Tod oder Leben. Dreimal mußten die vier Alpinisten in der Wand übernachten, bevor sie den Gipfel erreichten. Die Wand war durchstiegen, die Welt horchte auf.
Seither fanden zahlreiche Alpinisten immer wieder den Tod am Eiger. Die durchschnittlich 64 Grad geneigte Wand birgt viele objektive Gefahren. Risse und Bänder liegen praktisch immer im Schatten und sind daher oft vereist. Bei gutem Wetter lösen sich unter der Wärme der Sonne Steine und Schnee und fegen die Wand hinunter. Gefürchtet sind auch die vielen plötzlich eintretenden Wetterstürze.
Die Stimmung der Touristen ist indes fröhlich, wenn sie wieder in den Zug steigen und der zweiten Tunnelattraktion, der Station Eismeer, entgegenfahren. Treffend der Name, denn unter den Augen der staunenden Gästeschar breitet sich ein wild zerfurchter Gletscher mit beängstigend tiefen Spalten aus. Praktisch in Griffnähe präsentiert sich dieses Naturschauspiel.
Nachdem die Züge der Jungfraubahn wieder angefahren sind, heißt es Versäumtes nachzuholen, denn zwischen Kilometer 5, 7 und 8,8 verläuft die Strecke fast eben. Hatten die Ingenieure vergessen, daß das Ziel auf 3454 Meter Höhe liegt? Wohl kaum! Die Station Eismeer war vielmehr ein Fixpunkt im Plan des Erbauers Adolf Guyer-Zeller (1839—1899). Also wird die Trasse auf den letzten fünfhundert Metern noch einmal mächtig steil, 250 Promille Steigung über-

winden die Zahnradzüge hier. Guyer-Zeller hat die Vollendung seines Werkes nicht mehr erlebt, 16 Jahre lang wurde an dem gigantischen Tunnel gebohrt und gesprengt. Die fertiggestellten Etappen übergab man zwar während des

Baus laufend dem Betrieb, der erste Zug erreichte das Jungfraujoch jedoch erst am 1. August 1912, dreizehn Jahre nach dem Tod seines geistigen Vaters. Ursprünglich hätte die Bahn sogar bis wenige Meter unter den Jungfraugipfel (4158 m) führen sollen. Unter dem Druck der Geldgeber mußte aber das Werk so rasch wie möglich endgültig fertiggestellt werden. So schenkte sich die Gesellschaft die letzten 700 Meter und setzte beim Jungfraujoch, ursprünglich nur als weitere Zwischenstation gedacht, einen Endpunkt.

Als die Arbeiter am 21. Februar 1912 nach einer letzten Sprengung in den blau dämmernden Tag über dem Großen Aletschgletscher hinausblickten, ging eine Sensationsmeldung um die Welt: „Jungfraujoch nach 16 Jahren erreicht."

Beeindruckend die Gletschernähe, die der Fahrgast auf seinem Ausflug aufs Jungfraujoch erlebt (links). Nicht minder sehenswert ist der Staubbachfall, der nach fast 300 Meter tiefem Fall ins Lauterbrunnental donnert (unten).

Gornergrat

Die weltberühmte Edelpyramide und 26 weitere Viertausender auf einen Blick

Rowan-Züge nennt man diese hölzernen Kompositionen, die bei manchen Erinnerungen an die „gute alte Zeit" wecken. Fahrplanmäßig zum Einsatz kommen solche Einheiten allerdings nur noch auf der Strecke der Jungfrau-Bahn.

Was wäre Zermatt ohne Matterhorn; wohl so viel wie New York ohne Wolkenkratzer?

Wieviele Besucher kämen dann noch ins Weltstädtchen Zermatt auf 1600 Meter Höhe? Doch die Edelpyramide, die auf keinem Schweizer Kalender, auf keinem Schokoladenpapierchen fehlen darf, ist eine vergängliche Erscheinung. Kein Grund zur Panik: Für einen Besuch reicht die Zeit noch allemal. Erst in 60 Millionen Jahren werden die Alpen und damit auch das Matterhorn abgetragen sein. Das bißchen Erosion wird wenigstens vorläufig noch nicht zum Denkmalschänder.

Das Matterhorn selbst dürfte all dies indes herzlich wenig kümmern, denn unverrückt entzückt es einige hunderttausend Besucher im Jahr. Hüllt sie sich nicht gerade in Wolken, so erstrahlt die 4477 Meter hohe Bergpyramide in ihrem vollen Glanz. Der bekannte Genfer Naturwissenschaftler Horace Bénédict de Saussure (1740—1799) ließ sich bei ihrem Anblick sogar zu den folgenden Worten hinreißen: „Der schönste Gegenstand, dessen Anblick dieser Ort darbietet, ist die hohe und stolze Spitze des Mont Cervin, die sich in Form eines dreieckigen Obelisken aus lebendigem Fels, der wie gemeißelt erscheint, zu gewaltiger Höhe erhebt." Und der Schriftsteller Guido Rey (1861—1935) ergänzt: „Wenige Alpengipfel wirken, glaube ich, so erhaben, so gewaltig ernst wie dieser, von dieser Stelle aus und zu einer gewissen Stunde gesehen, bei Tagesanbruch oder bei Sonnenuntergang, wenn die Talhänge, die ihn umrahmen, im Dunkel getaucht sind und nur die Pyramide sich auftürmt, ganz vom Licht umflossen, daß sie selbst zu leuchten scheint. Dann steht sie vor unseren Augen nicht wie ein wirklicher Berg, sondern wie ein wunderbares Traumbild".

Auf 3131 Meter Höhe gibt es einen Ort, der Bühne und Logenplatz zugleich verkörpert — der Gornergrat. Bühne, da der exponierte Grat im Süden und im Norden steil zu den beiden

Im Angesicht des Matterhorns bezwingt die Trasse der Gornergratbahn über 1484 Meter Höhenunterschied. Als Anschlußprogramm zur Bergfahrt empfiehlt sich die Talwanderung, vorbei an alten Walliser Holzstadeln.

Das interessanteste Bauwerk auf der Strecke zum Gornergrat befindet sich bereits bei Kilometer 1,9 — der 50 Meter hohe und 90 Meter lange Findelenbachviadukt. Aus Termingründen verzichtete man auf die einst geplanten Rundbogen.

Eisströmen Gorner- und Findelengletscher abfällt — Loge, weil der Besucher von diesem Standpunkt aus eine Rundsicht auf gut ein Drittel aller Viertausender Europas genießt. Es heißt sogar, von hier aus seien 27 aller 34 Schweizer Viertausender zu sehen. Wer zählt's nach?

Die Reise ist nicht beschwerlich. Mit Karte und Fernrohr bestückt, steigt Herr Genau am Bahnhof von Zermatt in die Gornergratbahn, bereits nach 43 spannenden Fahrminuten steht er auf der spektakulären Aussichtsplattform.

Die Strecke der Zahnradbahn verläuft nicht etwa wie jene der Jungfraubahn im Tunnel. Allgegenwärtig grüßt im Wagenfenster das Matterhorn, hier wird also für gutes Geld auf jedem Meter etwas geboten. Touristen zieht es daher gleich in Scharen auf den sonnigen Gornergrat. Ein Blick in die Statistik: Jährlich finden über 3 Millionen Besucherinnen und Besucher den Weg auf den Felsrücken hoch über dem Gornergletscher.

Angefangen hat alles mit einer lilafarbenen Druckschrift unter der „Bundeskuppel" von Bern. Am 20. August 1890 landete das vornehm gebundene Dokument auf dem Tisch der hohen Behörden. Gebeten wurde um die behördliche Zustimmung für eine „bequeme Verbindung des im Bau befindlichen Bahnhofs von Zermatt mit den zwei hauptsächlichsten Aussichtspunkten Gornergrat und Matterhorn, um dadurch deren Besuch zu erleichtern".

Projektiert war, die Visp-Zermatt-Bahn bis zum Weiler „Zum See" weiterzuführen. Die kühnen Ingenieure schlugen von dort aus eine Standseilbahn zum Schafberg und eine Zahnradbahn zur Whymperhütte am Fuße des Matterhorns vor. Die Krönung des mutigen Bergbahnabenteuers stellte eine unterirdische Luftkissenbahn dar, die mittels Luftdruck durch eine Röhre auf den Gipfel des Matterhorns geschossen werden sollte.

Wenige Meter unterhalb des Gipfels hätten ferner eine Aussichtsgalerie, ein Restaurant sowie einige Schlafkabinen aus dem Fels gesprengt werden sollen. Sozusagen als Nebenlinie wäre von der Gornerschlucht eine Standseilbahn und weiter oben eine Zahnradbahn auf den Gornergrat gelegt worden.

Hauptinitiant der Zermatter Hochgebirgsbahnen war Caspar Leonhard Heer, ein Bieler Druckereiunternehmer, der sich in seinem Leben jedoch vorwiegend mit Eisenbahnen befaßte. Die Matterhornbahn scheiterte vermutlich an dem Umstand, daß Heer kein Walliser war, sondern das ganze Projekt von außen an die Bergbevölkerung herantrug. In der Folge erhob die Gemeinde Zermatt Einspruch. Führer und Träger aus den Gemeinden Täsch und Randa bangten um ihre Existenz und griffen ebenfalls zur Feder.

Als sich Leonhard Heer einer schweren Operation unterziehen mußte, ernannte er den Topographen Xaver Imfeld zu seinem Stellvertreter. Obwohl dieser ein gebürtiger Obwaldner war, kannten ihn doch die meisten Zermatter. Als Verfasser von 21 hochalpinen Kartenblättern im Maßstab 1:50 000 ging er seit 14 Jahren im Mattertal ein und aus. Er trug schließlich wesentlich dazu bei, daß die Zahnradbahn mit dem heutigen Streckenverlauf, Zermatt—Riffelalp—Riffelberg—Rotenboden—Gornergrat, gebaut wurde.

Als endlich fest stand, wie die neue Bahn aussehen sollte, wollte niemand mehr in ein solches Vorhaben investieren. Um die Jahrhundertwende waren in der Schweiz über 92 Eisenbahnkonzessionen anhängig, wer mochte da noch Geld in ein weiteres Projekt stecken? Der elektrische Zahnradbetrieb, eine technische Weiterentwicklung, verhalf schließlich dazu, daß sich doch noch einige Investoren für den Bau der Gornergratbahn interessierten. Am 11. Juni 1896 wurde die Aktiengesellschaft mit einem Kapital von 3 Millionen Franken gegründet. Genau für die-

sen Betrag verpflichtete sich die Bieler Baufirma Haag & Greulich, die Bahn sowie ein elektrisches Kraftwerk zu erstellen. Das Unternehmen erhielt den Auftrag nur unter der Bedingung, daß die Anlage bis zum 1. Juli 1898 eröffnet werden konnte. Jeder Tag Verspätung sollte mit einem Bußgeld von 2000 Franken belastet werden.

Bereits am 24. November 1897 rollte der erste elektrische Zug über die fertiggestellte Teilstrekke. Dies geschah zu einer Zeit, als die Stadtbahn von Berlin noch von Pferden durch die Straßen gezogen wurde. Zufrieden mit dem ersten Ergebnis, kam der Bahnbau am Gornergrat zügig voran. Überaus harte Felspartien, ein nächtliches Sprengverbot im Kanton Wallis sowie eine Grippeepidemie unter der Mannschaft, brockten dem Unternehmer Greulich dann jedoch die erste Verspätung ein. Auch die geplante Findelenbachbrücke mußte einem Provisorium Platz machen, denn es gelang den Bautrupps nicht, innerhalb der gesetzten Termine die Rundbogen zu mauern.

Mit nur 41 Tagen Verspätung konnte die Gornergratbahn am 20. August 1898 feierlich dem Betrieb übergeben werden. Mit einer Geschwindigkeit von 7 km/h zockelte der erste Zug dem Gornergrat entgegen. Die Lorbeeren der ersten

Als flachste Luftseilbahn der Alpen ging die Anlage Hohtälli—Rote Nase in die technische Baugeschichte ein. Die Zubringerbahn für Skifahrer auf dem Gornergrat überwindet auf ihrer dreiminütigen Fahrt ganze 11 Höhenmeter.

Auch ohne Pickel und Seil läßt es sich zu Füßen von Matterhorn und Monte Rosa nach Herzenslust wandern. Recht steil und entsprechend zeitaufwendig ist der Weg von Zermatt auf den Gornergrat. Umgekehrt ist er bequemer, und sogar Kinder lassen sich für eine beschwingliche Talwanderung begeistern. Gerade diese sehen oft keinen Sinn darin, einen Berg mühsam zu erklimmen, während andere bloß wenige Meter neben dem Weg die Fahrt mit der Zahnradbahn genießen. Die Bergwanderung könnte man sich beispielsweise für morgen aufsparen — für einen Besuch der Hörnlihütte auf 3260 Meter Höhe. Diese befindet sich unmittelbar unter den steil aufragenden Wänden des Matterhorns, und wichtig: dorthin führt keine verlockende Bergbahn. Zurück zum Gornergrat: Die Wanderung von der 3089 Meter hoch gelegenen Aussichtsloge nach Zermatt dauert 3 Stunden (umgekehrt sind es beinahe 5 Stunden). Das erste Teilstück vom Gornergrat nach Rotenboden ist nicht steil. Hoch über dem Gornergletscher wird man gemütlich talwärts spazieren, stets im Blickfeld das Matterhorn. In Millionen Fotoalben dürfte der kleine Riffelsee bei Rotenboden anzutreffen sein. Bei Windstille spiegelt sich im kristallklaren Wasser die weltbekannte Edelpyramide. Bedeutend steiler wird der Weg zwischen Riffelsee-, Riffelberg und Riffelalp. Hier wandert nur jemand weiter, der griffige Bergschuhe trägt, werden doch in kurzer Zeit über 600 Höhenmeter bewältigt. Nach dem Brand der einstigen Nobelherberge wurde vor kurzem auf der einsamen Alp ein neues Hotel errichtet. Durch schönen Arvenwald führt der Weg schließlich von der Riffelalp weiter den Berg hinunter nach Zermatt.

elektrischen Zahnradbahn der Welt verpaßte die Gesellschaft nur knapp, denn kurz zuvor war die Bahn am Mont Salève fertiggestellt worden.
Heute ist die GGB eng mit der Brig-Visp-Zermatt-Bahn (BVZ) verknüpft. Die Zahnradbahn hat die Zeit seit ihrer Eröffnung nicht verschlafen. In ihr wurde die unaufhaltsame technische Weiterentwicklung genutzt, und sie zählt heute zu den modernsten Bergbahnen der Schweiz. So wurde zwischen 1939 und 1941 die 800 Meter lange Lawinengalerie entlang dem berüchtigten Riffelbort fertiggestellt. Dank diesem bedeutenden Bau konnte die Bahn auch den Winterbetrieb aufnehmen. Dies war kein Fehlentscheid, denn die ursprünglich nur für den Sommertourismus gedachte Anlage wird heute stärker von Wintergästen (vor allem Skifahrern) als von Sommergästen frequentiert. In den Sechzigerjahren baute man die Strecke von Riffelberg bis knapp unterhalb des Gornergrates für die Skipendler auf Doppelspur aus. Heute verkehren in einem 24-Minuten-Takt (im Winter zwischen Riffelberg und Gornergrat sogar 12minütig) 6 moderne Doppeltriebwagen und 12 etwas ältere Triebwagen mit je 110 Plätzen. Mit diesen Fahrzeugen können über 1700 Personen in der Stunde befördert werden. Eine Fahrt mit der Gornergratbahn lohnt sich auch für den Eisenbahnfreund. Die Züge bewältigen auf ihrer 9,3 Kilometer langen Fahrt eine Steigung bis zu 200 Promille. Unter den 5 Brücken und 5 Viadukten gilt mit einer Länge von 90 Metern und einer Höhe von 50 Metern der Findelenbachviadukt als größte Attraktion. Hier stoßen auch alle jene „Ah"- und „Oh"-Seufzer aus, die mit dem Hobby Eisenbahnen wenig anfangen können. Weiter sind 5 Galerien und Tunnels mit einer Gesamtlänge von 1320 Metern zu erwähnen. Keine Energieverschwendung bei den mit 15,3 km/h talwärtsfahrenden Zügen: Die Bremsenergie eines Fahrzeuges wird in die Fahrleitung abgegeben, zwei talwärts rollende Triebwagen erzeugen somit den Strom für einen bergwärts fahrenden Zug.
Von der Bergstation (3089 m) zum Aussichtsplateau (3131 m) des Gornergrates liegen nur weni-

Vorangehende Doppelseite: Das 4477 Meter hohe Matterhorn, Wahrzeichen des Wallis, spiegelt sich im kristallklaren Riffelsee. Rechts: Seit 1947 verkehren die Triebwagen Bhe 2/4 auf den Gornergrat. Sie bieten 110 Personen Platz.

ge Meter Höhenunterschied. Selbst Turnschuhtouristen schaffen es mühelos, den Grat zu erklimmen. Oben angekommen, richten sich die staunenden Blicke der Besucher erst einmal gegen Süden. Wie die Perlen auf einer Kette reihen sich hier die mächtigen Viertausender aneinander. Den Anfang macht das Monte-Rosa-Massiv, mit der Dufourspitze (4634 m) höchster Berg der Schweiz. Noch vor nicht allzulanger Zeit hieß dieser Berg Gornerhorn. Zu Ehren des Schöpfers der ersten genauen topographischen Karten, General Dufour, wurde der Gipfel jedoch umbenannt.

Um einige Meter höher als das Matterhorn ist der zerklüftete Eisriese Lyskamm (4527 m). Er weist über 1000 Meter hohe und sehr schwierige Nordwände auf. Beinahe schon unscheinbar wirken die beiden „Kleinen" Castor (4228 m) und Pollux (4092 m).

Schon bedeutend wuchtiger ragt dagegen das Breithorn (4164 m) in die Höhe. An seiner rechten Flanke sticht der Felszahn des Kleinen Matterhorns (3883 m) aus der Eiswüste. In seine luftigen Höhen führt die höchste Bergbahn der Schweiz. Eine kühne Luftseilbahn schwingt sich über ein fast drei Kilometer langes Seil, das von keinem einzigen Mast gestützt wird, empor. Zwischen dem Kleinen und dem „richtigen" Matterhorn (4477 m) liegt der bei Sommerskifahrern beliebte Theodulgletscher.

Die Erstbesteigung des Matterhorns ging als Tragödie in die Geschichte des Alpinismus ein. Der Engländer Edward Whymper (1840—1911) stand nach zahlreichen gescheiterten Versuchen am 14. Juli 1865 als erster Mensch zusammen mit seinen sechs Begleitern auf dem Gipfel des Matterhorns. Beim Abstieg geschah das Unglück: Der junge Engländer Hadow glitt aus und riß drei seiner Kameraden mit in die Tiefe. Whymper und die beiden Taugwalder, Zermatter Bergführer, überlebten nur, da aus unerklärlichen Gründen das Seil riß. Edward Whymper

Anreise
Nach Zermatt gelangt der Besucher mit der Lötschbergbahn via Bern und Brig oder mit der SBB-Simplonlinie via Lausanne und Visp/Brig. Dort wird auch in die schmalspurige Brig-Visp-Zermatt-Bahn umgestiegen.

Betriebszeiten
Die Züge auf den Gornergrat verkehren während des ganzen Jahres.

Höhenunterschied
Talstation Zermatt: 1605 m
Bergstation Gornergrat: 3089 m
Höhenunterschied: 1484 m

Was es zu sehen gibt
Auf dem Gornergrat ist die Luft so klar, daß hier ein wichtiges astronomisches Observatorium eingerichtet wurde. So zieren das schloßähnliche Hotel Gornergrat-Kulm zwei seltsame Türme mit metallischen Kuppeln. Mancher Besucher ahnt es: In der Südkuppel wurde ein 1-Meter-Gabelteleskop untergebracht, in der Nordkuppel ein Spiegelteleskop mit 1,5 Meter Durchmesser. Leider ist das Observatorium nur Wissenschaftlern zugänglich.

Hotelvorschläge
Es ist nicht ganz einfach, aus über hundert Hotels im mondänen Ferienort Zermatt das richtige herauszupicken. Am günstigsten schläft der anspruchslose Tourist in der einfachen Jugendherberge (Zermatt-Winkelmatten). Am teuersten ist das Zimmer im Fünf-Sterne-Nobelpalast Mont Cervin (Dorfzentrum).

Karten
Landeskarte der Schweiz, 1:50 000; Blatt 1348 „Zermatt".

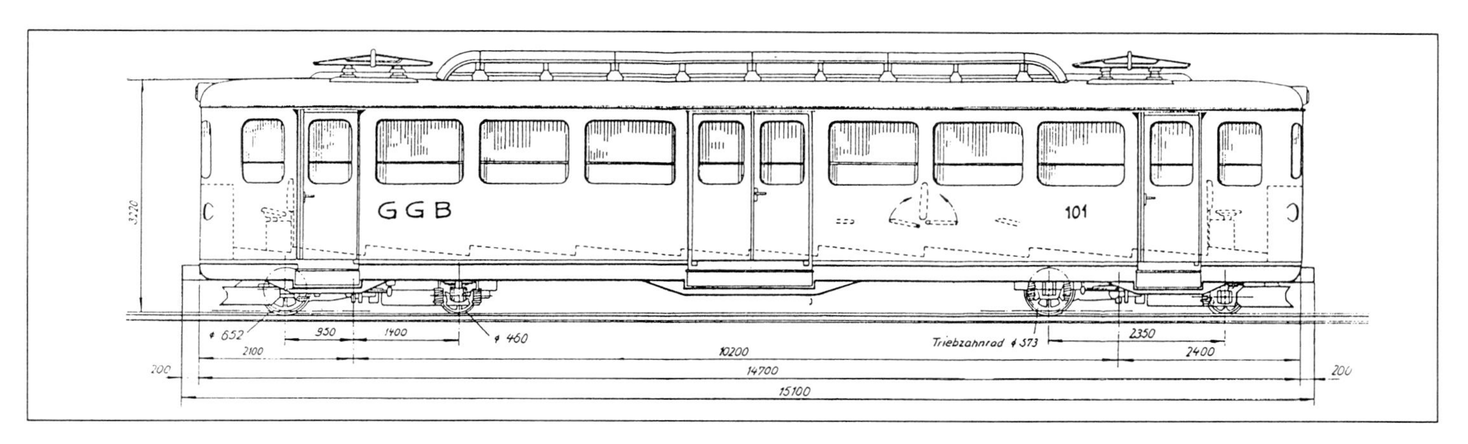

hat 1880 in seinem Buch „The Ascent of the Matterhorn" das Drama eingehend geschildert. Auch ein gerichtliches Nachspiel folgte dem Unfall. Whymper und die beiden Taugwalder konnten jedoch vom Verdacht, das Seil durchgeschnitten zu haben, entlastet werden.

Die Gefahr am Matterhorn ist heute nicht gebannt, jährlich stürzen am Mont Cervin, wie man den Berg auf französisch nennt, durchschnittlich 8 bis 10 Alpinisten zu Tode. Ein besonders tragischer Unfall ereignete sich 1969, als der Engländer Arthur Clarkson mit seinem achtjährigen Sohn Roy verunglückte. Der Versuch einer Kinderbesteigung mißlang nur wenige Meter unter dem Gipfel. Ihr Absturz löste damals im In- und Ausland große Bestürzung aus.

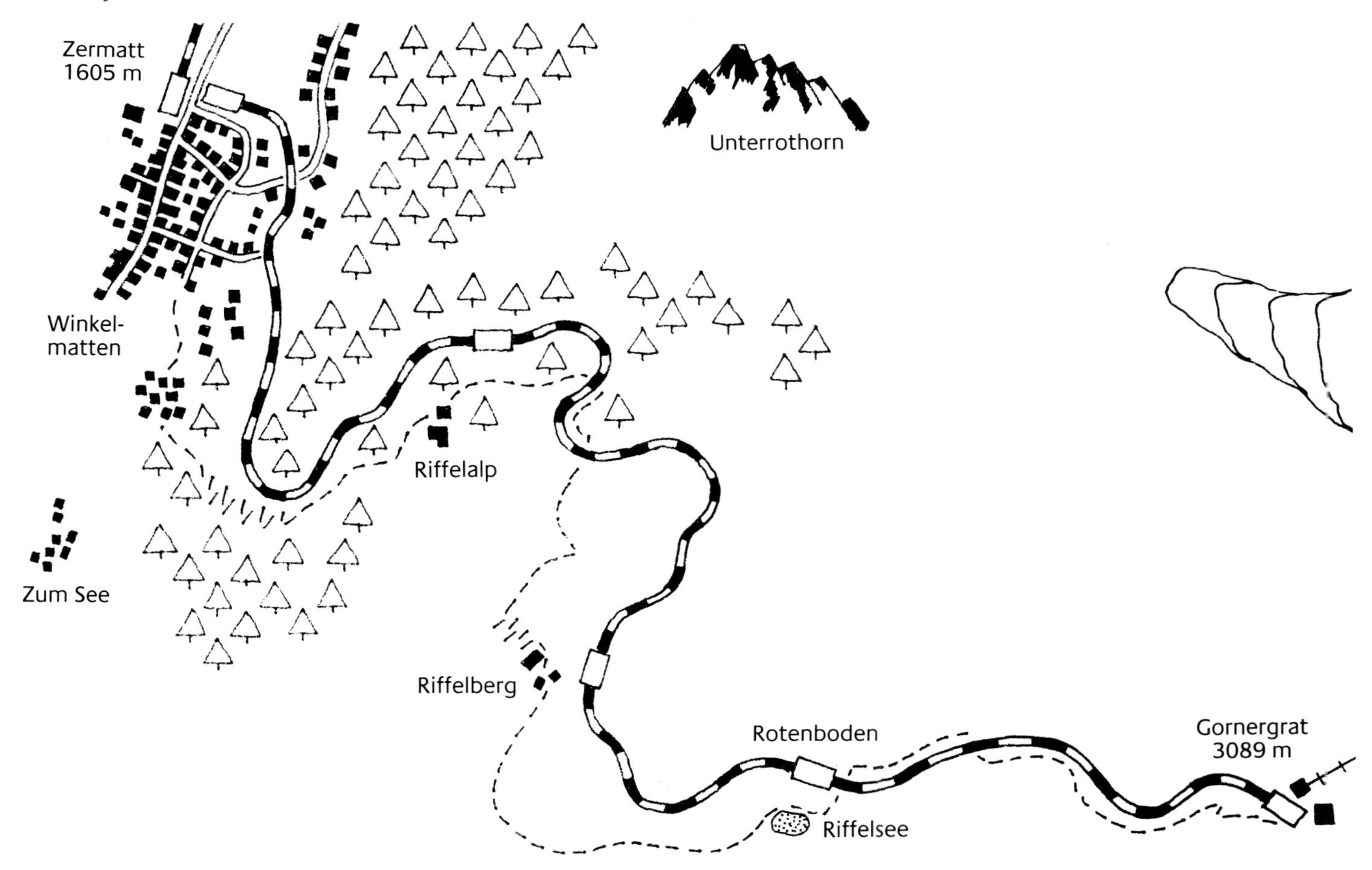

Col de Bretaye

Das Zahnradbahn-Puzzle zwischen Rhonetal und Le Chamossaire

Auch die französischsprachige Westschweiz besitzt ihre eigenen Zahnradbahnen. Wenig bekannt ist das Bähnchen, das vom Ferienort Villars zum 1806 Meter hoch gelegenen waadtländer Col de Bretaye fährt.

Anreise

Von Lausanne aus erreicht man Bex mit den SBB über die Simplonstrecke. Die Wagen der Straßenbahn und die Züge nach Villars warten direkt am SBB-Bahnhof.

Betriebszeiten

Die Straßenbahn (Bex—Bévieux) sowie die Zahnradbahn (Bex—Villars—Bretaye) sind das ganze Jahr in Betrieb.

Höhenunterschied

Talstation Bex: 411 m
Bergstation Bretaye: 1806 m
Höhenunterschied: 1395 m

Was es zu sehen gibt

Die Salzmine Bouillet oberhalb von Bex (nicht direkt an der Bahnlinie) ist ein lohnendes Ausflugsziel. Mit einem kleinen Zug fährt man tief in die Stollen hinein und erhält einen Einblick in den Alltag der Minenarbeiter. Ein umfangreiches Museum dokumentiert die Geschichte des Salzabbaus von einst und heute. Die Führung dauert etwa zwei Stunden und wird mit einer Dia-Schau abgeschlossen. Besuche nur auf Voranmeldung (Tel. 025 / 63 24 62) zwischen April und November.

Hotelvorschläge

In Bex ist das Angebot an Hotels klein. Es empfiehlt sich daher, im Ferienort Villars zu übernachten, wo man ein Angebot in allen Kategorien vorfindet.

Karten

Landeskarte der Schweiz, 1:25 000; Blätter 1284 „Monthey" und 1285 „Les Diablerets".

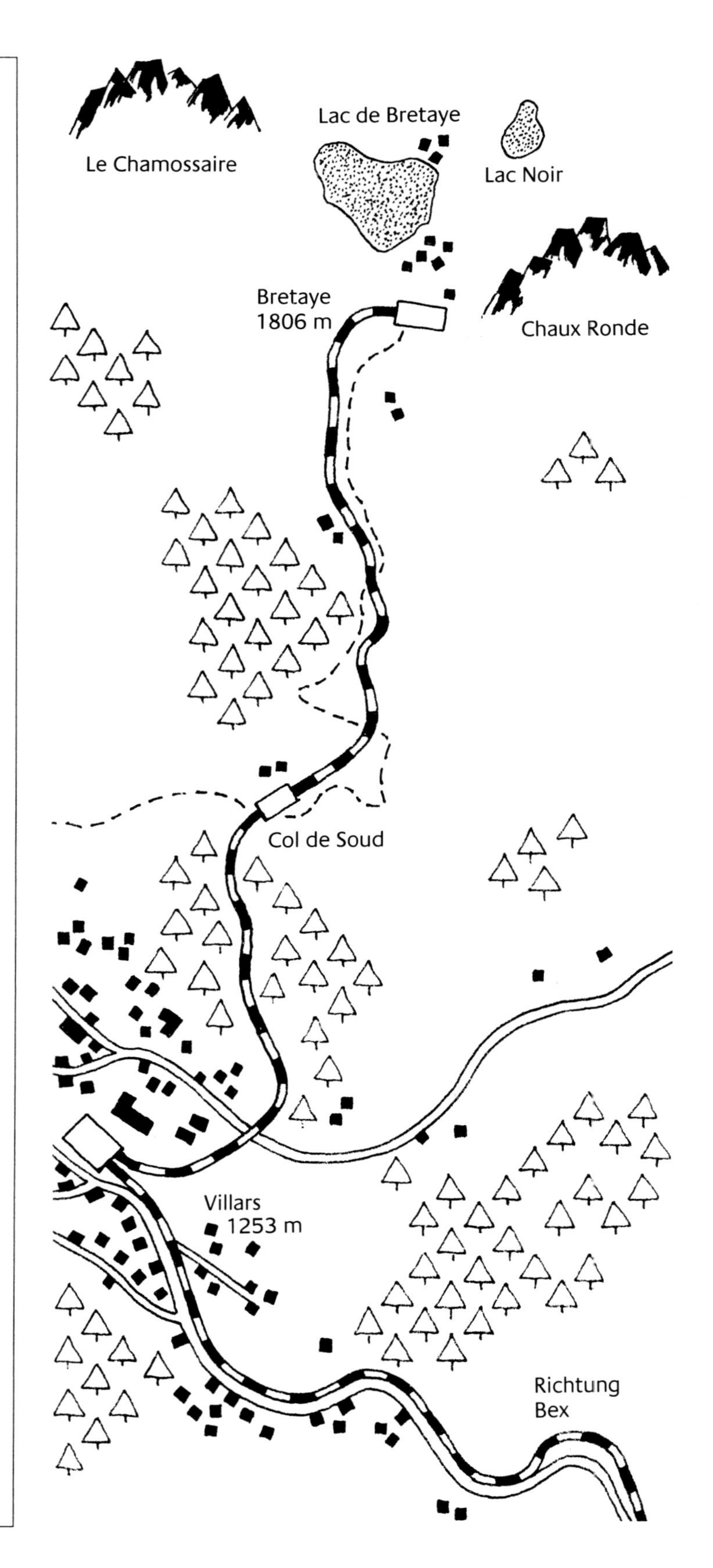

Mit der Zahnradbahn auf dem Col de Bretaye (1806 m) angekommen, blicken wir uns erst einmal um. Nebst einigen Waadtländer Alphütten liegt in der Mulde zwischen den Bergen Le Chamossaire (2112 m) und Chaux Ronde (2027 m) der kleine Bretaye-See. Von einer Idylle jedoch weit und breit keine Spur: Die Anhöhen rund um den Col de Bretaye wurden regelrecht mit Skilift- und Sesselbahnanlagen verkabelt. Es gelingt dem Naturfotografen hier nur schwer, ein Bild ohne störende Masten, Drahtseile, Telefonleitungen oder rücksichtslos planierte Pisten zu schießen. Die Wunden, die der Mensch hier dem Berg einmal mehr zugefügt hat, sind im Sommer unübersehbar. Wenden wir uns also unserer rund zweistündigen Wanderung nach Villars zu; glücklicherweise kehren wir auf diesem Weg dem wenig ansprechenden Col de Bretaye den Rükken. Der Pfad führt über herrliche Alpweiden, und unser Auge schweift vom Grand Muveran (3051 m) bis zu den Dents du Midi (3257 m), beides Kletterberge erster Ordnung. Liegt nicht gerade tiefer Dunst oder eine herbstliche Nebeldecke über dem Talboden, erkennen wir auch den Lauf der Rhone. Weiter geht es zur Mittelstation Col de Soud, einem kleinen Zwischenpaß an der Zahnradbahnlinie Villars—Col de Bretaye. Wer hier schon nicht mehr weiter mag, wartet auf den nächsten talwärts fahrenden Zug. Alle übrigen marschieren über Chesières nach Villars.

Wer nicht mehr nach Villars zurückkehren will, dem bietet sich vom Col de Bretaye eine zweite Wanderung an. In diesem Fall führt der Weg über den Lac des Chavonnes, Le Coussy und La Forclaz bis hinunter nach Les Aviolats an der Schmalspurlinie Les Diablerets—Aigle (ca. 4 Wanderstunden).

Berner Alpen und Walliser Alpen umfassen gemeinsam den größten Teil des Schweizer Gebirges. Die beiden geographischen Begriffe stiften bei Besuchern ab und zu etwas Verwirrung an. Zu den Berner Alpen zählen nämlich nicht nur die Gebirgszüge nördlich der Rhone im Kanton Wallis, sondern auch die Gipfel im Kanton Waadt. Die Berner Alpen beschränken sich damit nicht nur auf die Region des Berner Oberlandes, sie dehnen sich vielmehr bis an das Ufer des Genfersees aus.

Mitten im Berggebiet des französischsprachigen Kantons Waadt liegt an der Strecke zwischen Lausanne und dem Großen St. Bernhard das malerische Bex: eingebettet in das Rhonetal und umgeben von der beeindruckenden Szenerie der westlichen Berner Alpen.

Einige hundert Meter über dem mittelalterlichen Städtchen thront auf einer Sonnenterrasse der Sommer- und Winterkurort Villars. Gegen Ende des 19. Jahrhunderts entschied man sich, die Talstation einer geplanten Bahnstrecke nach Villars in Bex anzulegen. In mehreren Etappen entstand in den folgenden Jahren ein regelrechtes Eisenbahn-Puzzle. Nacheinander wurden verschiedene Teilstrecken entweder als Straßenbahn (Bex-Bévieux), Adhäsions- oder Zahnradbahn (Bévieux-Villars) in Betrieb genommen.

Für die 1913 eröffnete Zahnradbahn Villars—Bretaye gründete man sogar eine eigene Gesellschaft, die VB. 1943 fusionierten die Betriebe zur heutigen BVB (Bex-Villars-Bretaye-Bahn).

Von der 17 Kilometer langen Strecke entfallen 7,4 Kilometer auf den Zahnstangenbetrieb. Dabei überwindet das rote Bähnchen eine maximale Steigung von 200 Promille. Nach 45 Minuten Fahrt wird der vielbesuchte Sommer- und Winterkurort Villars (1253 m) erreicht.

Ausschließlich auf Zahnrad und Zahnstange angewiesen sind die Züge zwischen Villars und dem Col de Bretaye (1806 m). Das Bähnchen durchquert einen schönen Tannenwald, um dann inmitten von saftigen Weiden bis in den Vorhof des markanten Berges Le Chamossaire (2112 m) aufzusteigen.

Technisch Interessierte werden sich freuen, dem Lokführer während der zwanzigminütigen Fahrt über die Schulter blicken zu können (oben). Berg- und Wanderfreunde begeistern sich dagegen eher für das tiefblaue Paßseeli (unten).

Rochers de Naye

Mächtige Felsbastion hoch über dem Genfersee

Ein besonders schöner Blick auf Rochers de Naye (2041 m) und Dent de Jaman (1875 m) bietet sich von Les Avants (Seite 107). Im Vordergrund: die ebenfalls zur MOB-Gruppe gehörende Standseilbahn Les Avants—Sonloup.

Westlich von Martigny, im Kanton Wallis, biegt der Hauptkamm der Alpen nach Süden ab und bildet mit der Montblancgruppe ihre höchste Erhebung. Savoyer Alpen, nennt der Geograph diesen Teil des großen europäischen Gebirges. Sie werden wie kaum ein anderes Bergmassiv im Norden durch einen See begrenzt, den Lac Léman. Während auf der Schweizer Seite des Genfersees sanfte Hügelzüge mit Rebbaugebieten das Bild bestimmen, steigen am gegenüberliegenden französischen Ufer die Savoyer Alpen steil an.

Mit einer Fläche von 581 Quadratkilometern gilt der Genfersee als zehntgrößter europäischer Binnensee. In Westeuropa führt er gar die Rangliste an, dicht gefolgt vom nur 42 Quadratkilometer kleineren Bodensee. Verfolgt man den Lauf der Rhone auf der Landkarte, so entdeckt man, daß der Lac Léman zugleich der einzige natürliche See zwischen Quelle (Gletsch, Oberwallis) und Mündung (Camarque, Südfrankreich) ist. Jedes Jahr schwemmt die Rhone 300 000 Kubikmeter Geröll und Sand in das Seebecken. Geologen haben ausgerechnet, daß in etwa 200 000 Jahren der ganze Genfersee damit ausgefüllt sein wird. Wer wundert sich also noch, wenn er aus alten Geschichtsbüchern erfährt, daß sich der Lac Léman einst noch viele Kilometer stromaufwärts bis zum Felsriegel von St-Maurice ausdehnte.
Obwohl die Zeit zu einem Besuch noch nicht so sehr drängt, es lohnt sich allemal.

Dort wo die Rhone in das Seebecken mündet, wird der Lac Léman von einer prächtigen Aussichtswarte überragt — der Rochers de Naye. Diese mächtige Felsbarriere ist Teil der Waadtländer Alpen, die geographisch ja eigentlich Bestandteil der Berner Alpen sind. Da sich die Waadtländer aber nicht gern mit dem Berner Blut vermischt sehen, wollen wir wenigstens in diesem Kapitel von den Waadtländer Alpen sprechen.

Die Rochers de Naye zu besteigen ist ein mühsames und mehrstündiges Unterfangen. Es fordert manchen Tropfen Schweiß, und das milde westschweizer Klima trägt auch nicht gerade zur Abkühlung bei.

Weniger anstrengend und bestimmt schneller ist der Aufstieg mit der Zahnradbahn. Dabei kühlt sogar der Fahrtwind die Besucher an heißen Sommertagen. Dank modernen, stündlich verkehrenden Triebwagen sind die Rochers de Naye ab Montreux oder Territet in nur 54 Minuten erreichbar.

Vom weltbekannten Fremdenverkehrsort Montreux, auf rund 400 Meter Höhe, klettert die Bahn allmählich an den Hängen über dem Genfersee empor. Glion, auf einer sonnigen Hochebene zwischen dem See und den Bergen eingebettet, heißt die erste größere Station auf der 10 550 Meter langen Strecke. 400 Meter höher liegt Caux: Manch ein Fahrgast überlegt sich, vielleicht schon hier auszusteigen, und das einzigartige Panorama über den Genfersee und die Savoyer Alpen zu genießen. Doch sitzenbleiben lohnt sich. An Wäldern und Alpweiden vorbei, klettert die Bahn über den Jamanpaß bis wenige Meter unterhalb des Gipfels der Rochers de Naye (2042 m). Von diesem einzigartigen „Belvedere“ aus bietet sich dem Betrachter ein noch abwechslungsreicheres Panorama.

Attraktiv ist aber auch das neue Panorama-Restaurant „Plein-Roc“ im Herzen der Felswand der Rochers de Naye. Vom reich gedeckten Tisch aus beherrscht man die riesige Fläche des Genfersees, der leider manchmal im Dunst verschwindet oder sich im Herbst unter einer dikken Nebeldecke verbirgt. Höhengleich mit dem Bahnhof ist das Restaurant mit seinen 150 Sitzplätzen, nur durch einen 220 Meter langen Tunnel problemlos zu erreichen. Schon manch internationaler Kongreßgast der Stadt Montreux dinierte hier oben vor der Kulisse des überwältigenden Alpenkranzes. Der letzte Zug verläßt

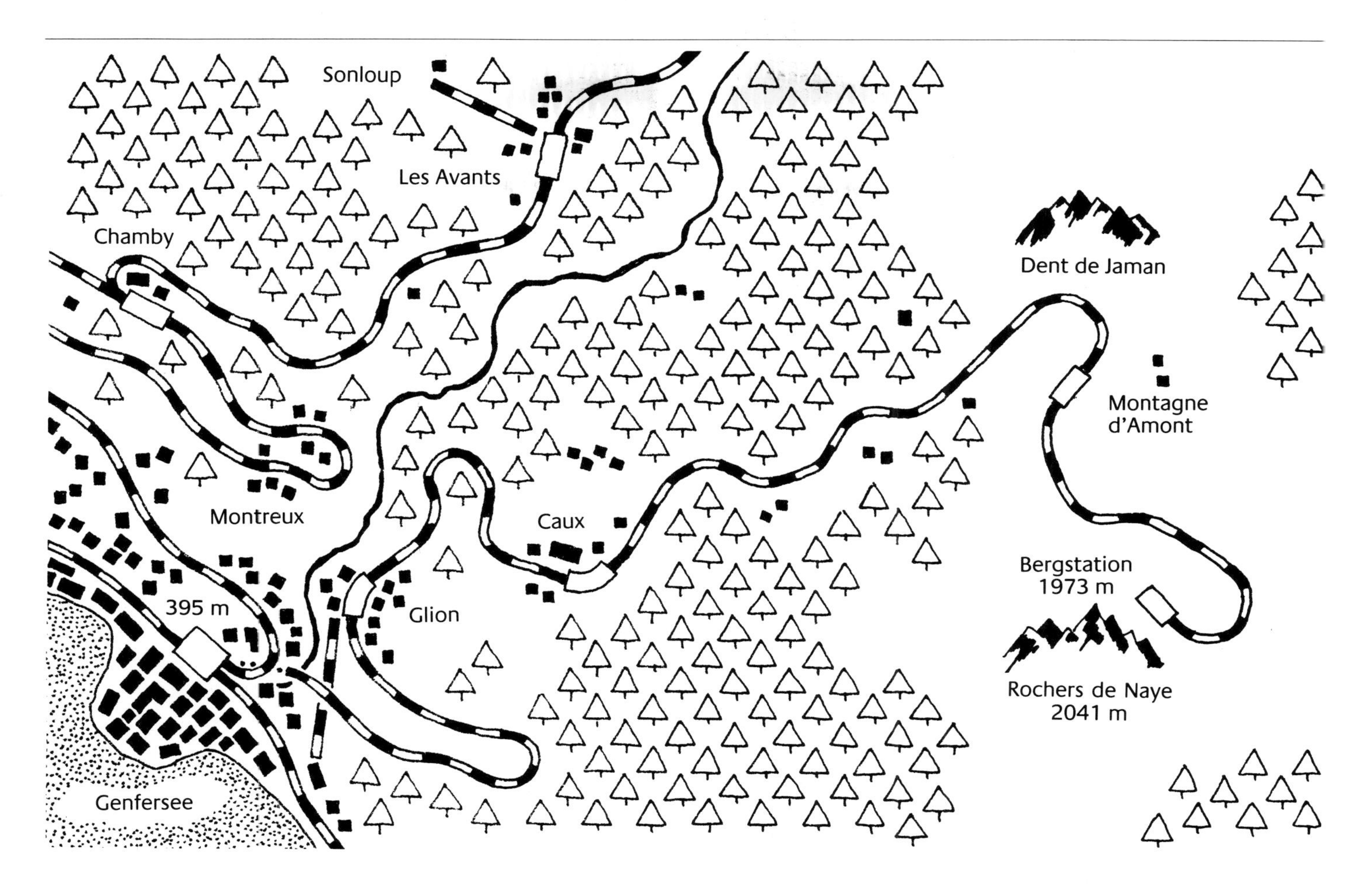

übrigens während der Sommersaison gegen 20 Uhr die Rochers de Naye, für Gruppen lassen sich aber auch Spezialzüge chartern.
Im Winter verwandeln sich die Hänge der Rochers de Naye in ein herrliches Skigebiet, das allen Ansprüchen genügt. Zahnradbahn und Skilifte gewährleisten den Transport von 2000 Personen pro Stunde.
In einer repräsentativen Villa am See befindet sich in Montreux die Verwaltung der MOB-Gruppe, ein dynamisches Unternehmen, dem auch die Zahnradbahn auf die Rochers de Naye angegliedert ist.
So manch Reisender würde staunen, wenn er zu Gehör bekäme, daß bis zum Zusammenschluß von 1987 zwei verschiedene Zahnradbahngesellschaften auf den Aussichtsberg über dem Genfersee führten — nämlich die Montreux-Glion-Bahn (MGl) und die Glion-Rochers de Naye-Bahn (GN). In den Geschichtsbüchern stößt der Interessierte auf weitere Kuriositäten. So wurde beispielsweise zuerst die Bahn von Glion auf die Rochers de Naye gebaut. Den Transfer nach Montreux hinunter besorgte eine Standseilbahn. Sie ist noch heute in Betrieb und wird ebenfalls von der MOB-Gruppe verwaltet. Die Seilbahn Territet-Glion (TG), am 19. August 1883 eröffnet, durfte seinerzeit mit einer maximalen Steigung von 570 Promille einen Weltrekord in Anspruch nehmen. Ursprünglich hatte Niklaus Riggenbach ja die Idee, fünf Sektionen dieser Bahn zu bauen, um damit den Gipfel der Rochers de Naye zu erreichen. Wie damals üblich, sollte die Bahn mit Wasserballast angetrieben werden. Da in großer Höhe das Wasser aber immer rarer wurde, mußte das Projekt zugunsten der Zahnradbahn weichen. Die Einweihung dieser heute so unscheinbaren Standseilbahn fand in der ganzen Schweiz, ja sogar im benachbarten Ausland, große Beachtung. Geboten wurde von Niklaus Riggenbach ein spektakulärer Einweihungsakt: Für die Talfahrt hängte er den Wagen vom Drahtseil ab und demonstrierte die Sicherheit der Handbremse. Riggenbach ließ sich dabei nicht aus der Ruhe bringen, rauchte seelenruhig seine dicke Zigarre, während der Wagen langsam und sicher nach Territet hinunterrollte. Die Zuschauer hatten sogar

GLION · CAUX
ROCHERS DE NAYE

Vorangehende Doppelseite: 3 neue Triebwagen vom Typ Bhe 4/8 beschaffte sich die Bahnverwaltung im Jahre 1983. Wenn über dem Genfersee eine dicke Nebeldecke liegt, scheint oftmals in Caux (Bild unten) die Sonne.

Nächste Doppelseite: Während der Bergfahrt erkennt man den im Winter tiefverschneiten Gipfel der Rochers de Naye. Von der Station Caux aus dauert die Fahrt mit den modernen Triebfahrzeugen noch 27 Minuten.

302
Veytaux

208
ROCHERS DE NAYE

Bilder auf Seite 118: Wenn die ersten Sonnenstrahlen über die Savoyer Alpen zur Rochers de Naye (oben) dringen, befindet sich der Morgenzug bereits auf der Strecke. Nach seiner Ankunft erwacht Leben auf dem 2041 Meter hohen Berg.

Anreise
Nach Montreux am Genfersee gelangt der Reisende via Bern, Lausanne mit den Schweizerischen Bundesbahnen (SBB).

Betriebszeiten
Ganzjähriger Betrieb; von Ende Oktober bis Mitte Dezember jedoch nur an Wochenenden.

Höhenunterschied
Talstation Montreux: 395 m
Bergstation Rochers de Naye: 1973 m
Höhenunterschied: 1578 m

Was es zu sehen gibt
Über 1500 Pflanzenarten präsentieren sich im höchstgelegenen Alpengarten Europas „La Rambertia". Nicht nur einheimische Arten wachsen hier auf fast 2000 Meter Höhe, auch seltene Blumen aus Asien und Amerika gilt es zu bewundern. Dank der Zahnradbahn auf die Rochers de Naye ist der Alpengarten einer breiten Öffentlichkeit zugänglich. Auf der Rückfahrt lohnt sich vielleicht ein Besuch des Wasserschlosses Chillon. Hierzu benutzt man die Standseilbahn Territet-Glion. Vom Bahnhof in Territet aus wird das Wasserschloß nach einem halbstündigen Fußmarsch entlang dem Genferseeufer erreicht.

Hotelvorschläge
Nicht gerade günstig übernachtet man im Nobelkurort Montreux. Die besten Zimmer für einen stolzen Preis bietet das Hyatt Continental, direkt am See. Ebenfalls am Lac Léman steht die günstige Jugendherberge mit 3er- und 8er-Zimmern.

Karten
Landeskarte der Schweiz, 1:25 000; Blatt 1264 „Montreux".

auf den Dächern der umliegenden Häuser Position bezogen, damit ihnen ja nichts von dem befürchteten Spektakel entging.

Vor einigen Jahren hat das inzwischen modernisierte Bähnchen nochmals für Schlagzeilen gesorgt. Es ist als erste vollständig automatisierte Bergbahn in die technischen Geschichtsbücher eingegangen. Heute funktioniert die Seilbahn Territet-Glion wie ein Lift, ohne jede Bedienung. Vermutlich würde diesmal Niklaus Riggenbach nicht aus dem Staunen herauskommen . . .

Nicht System Riggenbach, sondern jenes von Roman Abt machte sich die Zahnradbahn auf die Rochers de Naye zu Nutzen. Der Auftrag ging hier ganz offensichtlich an den Konkurrenten. Die Strecke Glion-Rochers de Naye konnte im Jahre 1892 dem Betrieb übergeben werden. Im Erscheinungsjahr dieses Buches, also 1992, feiert die Bahn ihr hundertjähriges Bestehen.

Es existierten schon im letzten Jahrhundert Projekte, welche die Rochers-de-Naye-Bahn bis zum Bahnhof Montreux hinunterführen sollten. Erst am 8. April 1909 konnte jedoch die 2850 Meter lange Verbindung mit einer Maximalsteigung von 130 Promille von Montreux nach Glion eröffnet werden. Die von Anfang an elektrisch verkehrende Zubringerbahn, einst selbständige Gesellschaft, entstand auf Initiative von Hoteliers aus Montreux.

Weil die, nach der vollständigen Elektrifizierung von 1938 gelieferten Triebwagen dem großen Andrang nicht mehr genügten — heute besuchen jährlich fast 800 000 Ausflügler die Rochers de Naye — nahm die Gesellschaft im Jahre 1983 drei neue Triebfahrzeuge mit je 164 Plätzen in Betrieb.

Erhalten geblieben ist der Gesellschaft eine nostalgische Zahnradlokomotive vom Typ HGe 2/2 sowie ein Vorstellwagen. Beide können als „Belle Epoque"-Zug von Gruppen gemietet werden. Drei von den ursprünglich acht Dampflo-

Vom etwas mondänen Weltkurort Montreux, am Ufer des Genfersees, fährt die Zahnradbahn in weniger als einer Stunde in steilem Aufstieg auf die Rochers de Naye. Von der Bergstation bis zum Gipfel fehlen noch 68 Höhenmeter. Gutes Schuhwerk vorausgesetzt, legt man diese Strecke in wenigen Minuten zurück. Die kleine Gipfeltour wird durch ein prächtiges Panorama belohnt. Der Blick reicht von der Waadtländer Sonnenterrasse hoch über dem Genfersee bis zum Montblanc. Im Osten grüßen die Eisriesen der Berner Hochalpen, im Südosten die Walliser Berge und ganz im Westen die schon fast bescheiden wirkenden Jurahöhen.
Gleich zwei Bergwege laden dazu ein, von der Rochers de Naye nach Caux und weiter bis nach Glion hinunterzuwandern. Doch aufgepasst, nur schwindelfreie Wanderer mit guten Schuhen und etwas Bergerfahrung machen sich auf diesen Weg. Kürzer ist die Variante, die von der Bergstation in südwestlicher Richtung um das Gipfelmassiv der Rochers de Naye führt. Auf der Alp Sautodo (1832 m) gabelt sich der Weg. Wer bis an den Genfersee hinuntermarschieren möchte, nimmt den Weg nach Villeneuve. Alle anderen kommen in nördlicher Richtung weiter bis Chamossale, wo man auf den Weg trifft, der von der Rochers de Naye über den Col de Jaman talwärts führt.
Von hier aus schlendert der Bergwanderer über schöne Almwiesen und durch einzelne Baumgruppen der Crêt d'y Bau entgegen und überquert hier die Trasse der Zahnradbahn. Bis zu dieser Höhe (1286 m) wurden auch die Ferienhäuser von Caux und Umgebung gebaut. Die Ersteller wußten schon weshalb; das einzigartige Panorama hoch über dem Genfersee ließ nicht nur die Bodenpreise in die Höhe schnellen, sondern rief auch Natur- und Landschaftsschützer auf den Plan. Ab sofort dürfen hier jedenfalls keine Zweitwohnungen mehr gebaut werden. Je nach Ausdauer steigt der Wanderer für die Talfahrt entweder in Caux oder in Glion auf 708 Meter Höhe in den Zug nach Montreux.

komotiven konnten nach der Elektrifizierung von 1938 an die Generosobahn verkauft werden — eine davon veräußerte die Tessiner Gesellschaft später ins Berner Oberland, wo sie noch heute auf der Strecke der Brienz-Rothorn-Bahn (Lok Nr. 1) zu bewundern ist. Nach den Plänen der MOB-Gruppe soll jedoch auch auf die Rochers de Naye bald wieder ein Dampfzug verkehren. Schon im Sommer 1992 wird eine originalgetreue, 600 PS starke Nachbildung der ersten Dampflok von 1892 in Betrieb genommen.
Im Bahnhof von Montreux treffen sich drei verschiedene Spurweiten; für die Schweiz einmalig. Der Fahrgast hat die Wahl, entweder die SBB-Züge nach Lausanne und Martigny zu benutzen (Spurweite 1435 Millimeter), in einen MOB-Zug nach Zweisimmen einzusteigen (1000 Millimeter) oder noch einen Bahnsteig weiter hinten auf einen Triebwagen der Rochers de Naye-Bahn (800 Millimeter) zu warten. Wer sich für eine Fahrt mit der „Montreux-Oberland-Bernois" entschieden hat, genießt während den ersten 30 Fahrminuten einen herrlichen Blick auf Rochers de Naye und Dent de Jaman (Fensterplatz rechts). In Les Avants lohnt sich eine Fahrtunterbrechung. Mit der Standseilbahn Les Avants—Sonloup gelangt man in die Nähe des Aussichtsberges Le Cubly (1196 m). Ein Höhenweg zieht sich über den gegen Süden hin exponierten Kamm bis zur Ruine von Salaussex (1157 m). Aber auch die Talwanderung nach Les Avants darf ohne Sorgen empfohlen werden. Prächtige Narzissenfelder im Angesicht der Waadtländer Alpen sind reines Seelenbalsam für Erholungsbedürftige. Im Winter frequentieren vor allem Schlittler die Standseilbahn von Les Avants. Von Sonloup führt eine rassige Rodelbahn das Tal hinunter. Aus naturschützerischen Überlegungen ließ sich das ursprüngliche Projekt einer Hängebahn mit eisernen Pfeilern nicht verwirklichen; also schon um die Jahrhundertwende wurde nicht jeder Aussichtsberg um jeden Preis dem Fortschritt der Technik geopfert. Die Standseilbahn Les Avants—Sonloup wird, wie kann es auch anders sein, von der MOB-Gruppe in Montreux verwaltet.

Montenvers

Zwei Engländer entdeckten den zweitgrößten Gletscher der Alpen

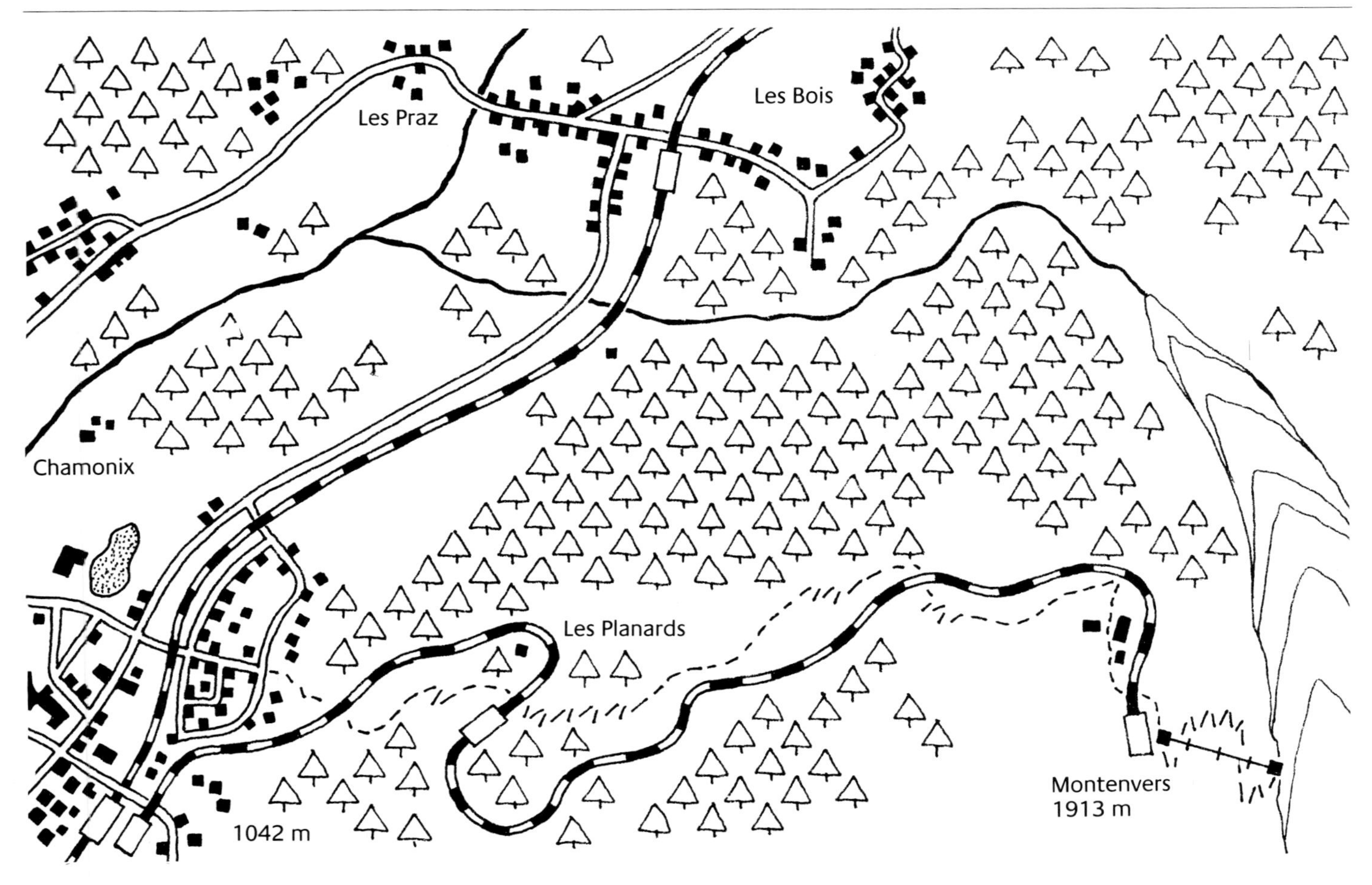

In Montenvers angekommen, stellt man fest, daß sich dem Besucher nicht gerade eine Fülle von Wandermöglichkeiten eröffnet. Um so eindrücklicher sind dafür die wenigen gebotenen Pfade. Durch lichten Lärchenwald gelangt man auf kurzem Zickzack-Kurs hinunter zum Mer de Glace. Schon im letzten Jahrhundert hat man hier durch Zufall beobachtet, daß die Gletscher sich bewegen. Damals wurde unbeabsichtigt eine Leiter auf dem Eis zurückgelassen, 44 Jahre danach fand man sie 4 Kilometer weiter unten. Der Gletscher hat sie also mit einer Geschwindigkeit von 91 Metern im Jahr fortbewegt. Später haben Wissenschaftler noch genauer gemessen, ihren Berechnungen zufolge soll das Eis pro Stunde um einen Zentimeter vorrücken. Nun verhält es sich aber so, daß Gletscher nicht unaufhaltsam wachsen, sonst hätte das Eismeer vermutlich schon längst Chamonix und andere Orte überrollt. Der Gletscher nimmt insgesamt nur zu, wenn mehr Schnee fällt als schmilzt. Er reagiert dabei aber nicht sofort, sondern erst nach einer zeitlichen Verschiebung von etwa drei Jahren. Dieses Hin und Her erwähnen auch alle Schriftstücke, die sich seit 500 Jahren mit den Gletschern um Chamonix befassen.

Leider kann man den 4807 Meter hohen Montblanc von Montenvers aus nicht erkennen. Die Aiguilles de Chamonix halten ihn hinter ihren scharfkantigen Felszähnen verborgen. Entschädigt wird der Besucher durch das Vorhandensein von weiteren bemerkenswerten Viertausendern: Unübersehbar erheben sich über den umliegenden Gletschern Grandes Jorasses (4208 m), Dent du Géant (4013 m) und Aiguille Verte (4121 m). Weniger mühsam als die Bergwanderung nach Montenvers ist natürlich die kurze Fahrt mit der Gondelbahn. Von der Bergstation kann in rund zwei Stunden nach Chamonix gewandert werden. Der breite, gut unterhaltene Pfad erreicht bald die Baumgrenze und durchquert weiter unten schöne Nadelwälder.

Seite 119: Vom französischen Weltkurort Chamonix reist man in bequemen 20 Minuten zur Aussichtswarte Mer de Glace (Eismeer). Den Montblanc sieht man hier zwar nicht, dennoch lohnt sich der Aufstieg.

Anreise
Nach Chamonix am Fuße des Montblanc gelangt man von Genf aus über Bonneville, Cluses und Sallanches mit den SNCF.

Betriebszeiten
Die Zahnradbahn nach Montenvers verkehrt von Mitte Mai bis Ende Oktober.

Höhenunterschied
Talstation Chamonix: 1042 m
Bergstation Montenvers: 1913 m
Höhenunterschied: 871 m

Was es zu sehen gibt
Von der Bergstation der Zahnradbahn führt eine ungewöhnliche Gondelbahn zum Gletscher Mer de Glace hinunter. Zwei Kabinen mit großen Panoramafenstern fahren jeweils zusammengekuppelt in einem Abstand von wenigen Metern. Auf der Ufermoräne angekommen, lädt eine Eisgrotte dazu ein, das Innere des Gletschers zu erforschen. Welch ein Schauspiel: In zahlreichen Spalten und Wasserläufen brechen sich Lichtstrahlen und schimmern in vielen Farben. Damit die Grotte zugänglich bleibt, wird jedes Jahr mehrere Monate daran gearbeitet.

Hotelvorschläge
In der Nähe des Bahnhofes von Chamonix findet der Gast das charmante Blockhaus Auberge Le Manoir, ein Zwei-Sterne-Hotel. Mehr Luxus bietet das Hotel Le Prieuré an der Allée Recteuer Payot: ein modernes, originell gebautes Alpenhotel mit Holzbalkonen und einer herrlichen Aussicht auf das Montblanc-Massiv.

Karten
Landeskarte der Schweiz, 1:25 000; Blatt 1344 „Col de Balme".

Hauptanziehungspunkt südlich des Genfersees ist ein 40 Kilometer langer, fast vollständig vergletscherter Kamm. Im Mittelpunkt dieses riesigen Gebirges ragt der Montblanc (mit 4807 Meter Höhe höchster Berg Europas) aus der Fels- und Eiswüste. Zu seinen Füßen liegt der pulsierende Touristenort Chamonix.

Von allen Alpengletschern schiebt sich der Glacier des Bossons am tiefsten ins Tal vor. Der 7 Kilometer lange Eisstrom kriecht von den Flanken des Montblanc bis in den Wald und in die Nähe der Häuser von Chamonix auf 1200 Meter hinab. Infolge seiner Steilheit (die durchschnittliche Neigung beträgt 50 Prozent), fließt er doppelt so schnell wie das benachbarte Mer de Glace, also 180 Meter pro Jahr.

Chamonix verfügt über ein ausgedehntes Bergbahnnetz. Interessant ist vor allem eine Fahrt mit der wohl kühnsten Luftseilbahn der Welt auf die Aiguille du Midi (3842 m). Die Kabine gleitet an einer mächtigen Felswand empor, kein einziger Mast stützt das freihängende Seil. Auf der bis zu 100 Prozent geneigten Strecke überwinden die Fahrgäste ab der Mittelstation einen Rekord-Höhenunterschied von 1471 Metern.

Bedeutend weniger Nervenkitzel wird auf einer Fahrt mit der Zahnradbahn zum Eismeer geboten. Das Eismeer (französisch: Mer de Glace) erstreckt sich von seinem Ursprung, dem Géantgletscher, über eine Länge von 14 Kilometern in einem Seitental der Arve. Der heute noch bis zu 1950 Meter breite und 400 Meter dicke Eisstrom stieß zwischen 1590 und 1645 weit in das Arvetal vor. Um gegen die Bedrohung durch den Gletscher anzukämpfen, begannen die Bewohner von Chamonix ihre entfesselten Naturgewalten zu beschwören. Die Bemühungen schienen erstaunlich wirkungsvoll gewesen zu sein, denn der Gletscher zog sich zurück. Mit 3037 Hektar Oberfläche ist das Eismeer heute der zweitgrößte Alpengletscher, Platz Nummer eins nimmt der Große Aletschgletscher ein.

Als 1741 die beiden Engländer Windham und Pocock nach Montenvers — einem Felssporn über dem Eismeer stiegen — läuteten sie damit das Touristenzeitalter in Chamonix ein. Früher wagte sich kaum jemand in diese Gegend, da in den „Verwunschenen Bergen" ein Hexensabbat vermutet wurde. Als jedoch plötzlich zahlreiche Adlige, Maler und Schriftsteller, nach Montenvers pilgerten, verbreiterte die Talbevölkerung 1802 den Weg, so daß die vielen Besucher auf dem Rücken von Maultieren die rund 900 Meter Höhendifferenz zurücklegen konnten. 1892 begann die Diskussion um eine Zahnradbahn. Zwischen Maultierbesitzern, ihren Führern und den Bergbahnpionieren kam es in der Folge zu heftigen Streitereien. Die Zeit blieb jedoch auch in Chamonix nicht stehen. Bereits 1908 konnte die Zahnradbahn eröffnet werden, mit ihrer Inbetriebnahme ging die romantische Zeit der Maultierkarawanen zu Ende.

Von der Bergstation der Zahnradbahn gelangt der Besucher mit einer technisch interessanten Gondelbahn zu einer Eishöhle hinunter. Der Gletscher bildet übrigens eine riesige Wasserreserve von 4 Milliarden Kubikmetern.

Nid d'Aigle

Einst sollte die „Tramway du Montblanc" alle Rekorde brechen

Als der junge Naturforscher Horace-Bénédict de Saussure mit zwanzig Jahren in Chamonix stand, erwachte in ihm sofort der Wunsch, den hohen Montblanc zu besteigen. Obwohl der begüterte Genfer eine Menge Geld bot, war niemand in der Lage, ihm 1760 einen passablen Weg auf den Gipfel zu weisen. Saussure zog unverrichteter Dinge wieder ab. 12 Jahre später, am 8. August 1786 um 18.23 Uhr, beobachtete der Baron von Gersdorff durch sein Fernrohr die ersten Menschen auf dem höchsten Gipfel Europas. Der Dorfarzt von Chamonix, Dr. Michel-Gabriel Paccard und sein Freund Jacques Balmat, ein Kristallsucher und Jäger aus dem Tal, hatten es nach zahllosen fehlgeschlagenen Versuchen geschafft.

Bergsteiger unserer Zeit müßten den Kopf schütteln, wenn ihnen Paccard und Balmat plötzlich am Montblanc begegnen würden. Ausgerüstet waren die beiden Erstbesteiger nur mit Lodenhose, Hut, Handschuhen, Lodenumhang und einem 2,5 Meter langen Stock mit Metallspitze. Mit dieser Ausrüstung meisterten sie schwere Stürme, Nebel und Schneefall — heute kaum mehr vorstellbar.

Längst hat der Montblanc seinen Schrecken verloren. Unter den Alpinisten gilt er nicht mehr als besonders schwierig. Zeitweise drängen sich dutzende Seilschaften auf dem Gipfel, und auf den vier klassischen Anstiegsrouten herrscht bei schönem Wetter Hochbetrieb. Besonders beliebt ist die Montblancgruppe auch bei Skitourenfahrern. Doch Vorsicht: Wer sich auf eine der großen Routen begibt, sollte einiges alpinistisches Können mitbringen. Die große Höhe mit ihren zeitraubenden Aufstiegen und die meist schwierigen Abfahrten über Gletschergelände dürfen nicht unterschätzt werden. Talurlauber und Turnschuhtouristen dürfen sich hingegen gefahrlos auf der Vortreppe des Montblanc tummeln. Noch näher als die Zahnradbahn Chamonix—Montenvers führt die „Tramway du Mont-

Anreise

Le Fayet bildet die Endstation der SNCF-Normalspurlinie Genf—Annemasse—La Roche—Le Fayet. In Annemasse muß umgestiegen werden.

Betriebszeiten

Die „Tramway du Montblanc" verkehrt von Frühjahr bis Herbst sowie von Weihnachten bis etwa März.

Höhenunterschied

Talstation Le Fayet: 584 m
Bergstation Nid d'Aigle: 2386 m
Höhenunterschied: 1802 m

Was es zu sehen gibt

Die ungewöhnlichen Dimensionen des Montblanc überraschen jeden Besucher, der zum ersten Mal aus der Tiefe des Tals oder von einem der zahlreichen Aussichtspunkte das mächtige Gebirge mit seinem gleißenden Eispanzer erblickt. Mehrere riesige Gletscher stoßen auf allen Seiten des Gebirgsmassivs bis weit in die Täler hinunter.

Hotelvorschläge

Das französische Feriendorf St.-Gervais liegt auf 807 Meter Höhe. Von den 25 Hotels können besonders das Carlina an der 95, rue du Rosay (teuer, aber komfortabel) oder das Hotel La Marmott an der Route des Contamines (günstig und einfach) empfohlen werden.

Karten

Französische Wanderkarten sind nur schwer erhältlich. Gut lieferbar sind jedoch die Blätter 292 „Courmayeur" (1:50 000) sowie 45 „Haute-Savoie" (1:100 000); Landeskarte der Schweiz.

Eine schier unendliche Vielfalt schönster Wandermöglichkeiten bieten sich dem Montblanc-Besucher. Der Naturfreund findet hier einfach alles: vom mühelosen Talweg über den anspruchsvollen Felsensteig bis zur mehrtägigen Rundwanderung um die Montblancgruppe. In 8—10 Tagesetappen werden hierbei 160 Wanderkilometer zurückgelegt. Man sollte sich für die Strecke jedoch mindestens zwei Wochen reservieren, da im Hochgebirge jederzeit Wetterumstürze zu erwarten sind. Eine gute Ausrüstung ist ferner Bedingung für zwei gefahrlose Wanderwochen. Dazu gehören feste Bergschuhe, Biwaksack (Wetterschutz), warme Kleidung, Regenschutz, Sonnenbrille und Sonnencreme sowie Ausweispapiere (drei Grenzüberschreitungen). Die Wanderroute ist gut markiert: auf französischem und schweizerischem Gebiet mit gelben Rhomben, auf italienischem Boden mit roten Wegzeichen. Die Tour kann bei der Zwischenstation Col de Voza der Tramway du Montblanc begonnen werden. Sie führt in Tagesetappen von 6—12 Stunden über Les Contamines, Col du Bonhomme, Col de la Seigne, Courmayeur, Mont de la Saxe, La Vachey, Val Ferret, Lacs de Fenêtre, Grand St-Bernard, Champex, Alpe Bovine, Col de la Forclaz, Col de Balme, Le Tour, Lac Blanc, Flégère, Planpraz, Chamonix, Le Brévent, Les Houches, wieder zurück auf den Col de la Voza. Übernachtet wird in den kleineren und größeren Ferienorten entlang der Route. Auf dieser sicher einzigartigen alpinen Rundwanderung, die bei gutem Wetter ohne Schwierigkeiten und Hilfsmaterial durchgeführt werden kann, erlebt man ganz persönliche Begegnungen mit der Natur und Kultur einer außergewöhnlichen Bergregion.

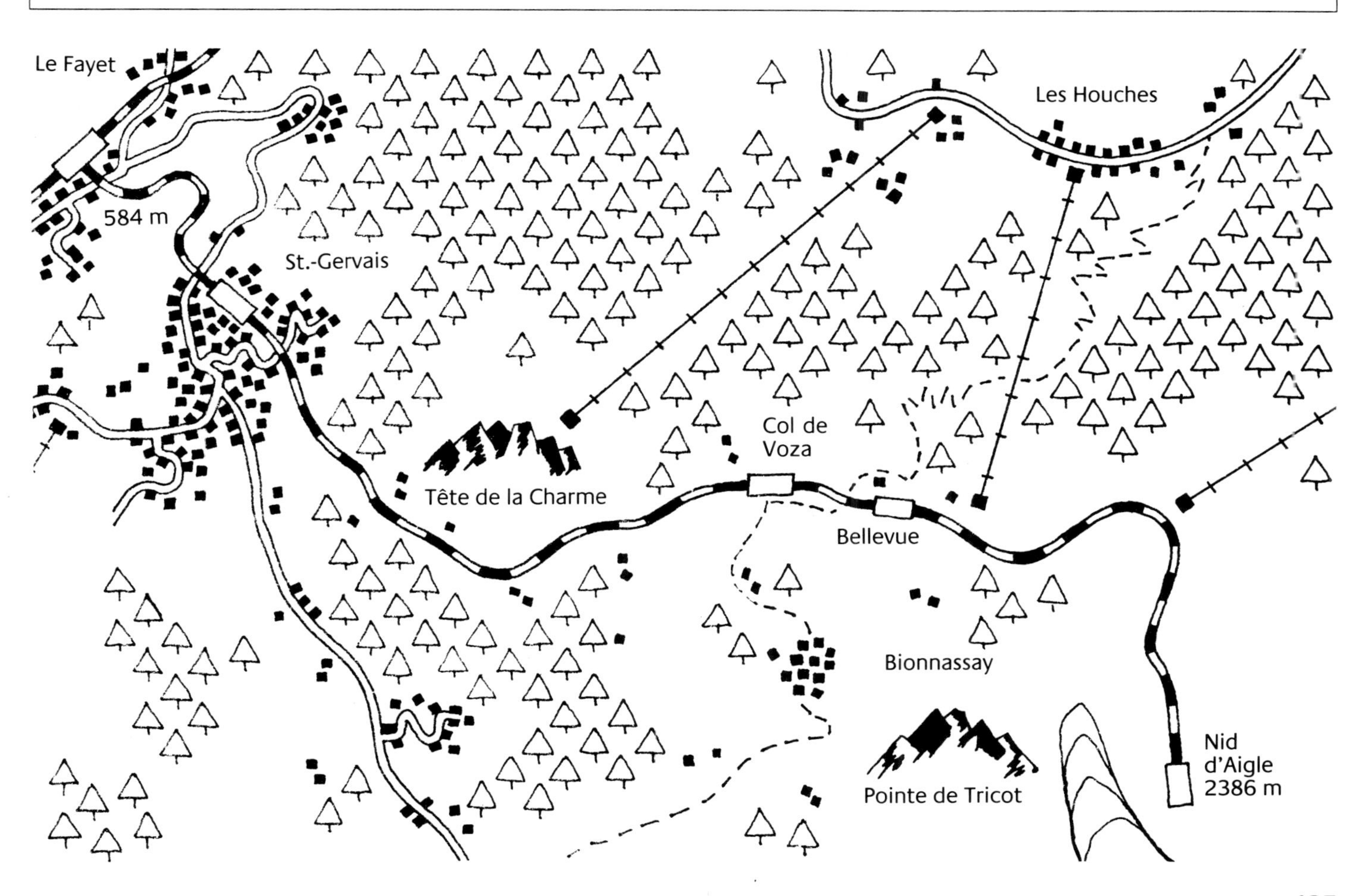

T M B

Praktisch bis zur Schwelle des 4807 Meter hohen Eisriesen klettern die bunten Kompositionen der „Tramway du Montblanc". Das einst gigantische und nie realisierte Projekt sah eine Bahn auf den höchsten Alpengipfel vor.

blanc" an den Eisriesen heran. Von Le Fayet aus werden in nur 80 Minuten 1800 Höhenmeter mühelos bezwungen. Von der Bergstation Glacier du Bionnassay aus, sie wird auch Nid d'Aigle genannt, bietet sich ein interessanter Blick auf Gletscher und umliegende Bergspitzen. Entlang der ganzen Strecke gibt es viel unberührte Natur und großartige Ausblicke auf den Montblanc.
Ursprünglich sah das Projekt eine Rekordbahn zur Montblanc-Spitze vor, 4223 Meter Höhenunterschied hätte das rot-gelbe Bähnchen dabei bezwungen. Wegen allzu großer Schwierigkeiten wurde dann jedoch das waghalsige Bauvorhaben vorzeitig am Glacier de Bionnassay eingestellt. Bis zum Gipfel fehlten immerhin noch 2421 Höhenmeter!

Abkürzungen:

- SLM: Schweizerische Lokomotiv- und Maschinenfabrik Winterthur
- FO: Furka-Oberalp-Bahn
- MG: Monte-Generoso-Bahn
- VRB: Vitznau-Rigi-Bahn
- ÖBB: Österreichische Bundesbahnen
- DB: Deutsche Bundesbahn
- RHB: Rorschach-Heiden-Bahn
- RhB: Rhätische Bahn
- SBB: Schweizerische Bundesbahnen
- RhW: Bergbahn Rheineck-Walzenhausen
- BRB: Brienz-Rothorn-Bahn
- SPB: Schynige Platte-Bahn
- BOB: Berner Oberland-Bahnen
- WAB: Wengernalp-Bahn
- JB: Jungfrau-Bahn
- GGB: Gornergrat-Bahn
- BVZ: Brig-Visp-Zermatt-Bahn
- BLS: Bern-Lötschberg-Simplon-Bahn (Lötschbergbahn)
- BVB: Bex-Villars-Bretaye-Bahn
- SNCF: Société national de chemin de fer français
- ICE: Intercity-Express
- MOB: Montreux-Oberland-Bernois
- MGl: Montreux-Glion-Bahn
- GN: Glion-Rochers de Naye-Bahn
- TG: Seilbahn Territet-Glion